# 趣学 Python 游戏编程

何青◎著

Python Game
Development Practice

清华大学出版社
北京

## 内 容 简 介

本书是高校教师多年开发经验的结晶之作，深入浅出地讲解使用 Python 语言进行游戏开发，帮助读者快速掌握游戏设计的基本原理和方法，同时提高应用 Python 语言的编程能力。

全书精选十个游戏案例，涵盖不同的游戏类型，每一章围绕一个经典游戏案例展开，并突出一个游戏编程的主题。本书涉及的主要知识点有游戏循环的原理、鼠标及键盘事件处理、碰撞检测及处理、随机数的运用、定时器的使用、游戏场景的滚动、角色动画的播放、音效及音乐的播放、缓动效果、游戏关卡设计、游戏人工智能的原理及运用等。本书将 Python 语法知识及常用的编程技巧糅合在各个游戏案例中介绍，为读者展示 Python 语言的实际运用场景。

本书内容安排合理，架构清晰，注重理论与实践相结合，适合作为零基础学习 Python 开发初学者的教程，也可作为本科院校及大专院校的教材，还可供职业技术学校和各类游戏培训机构使用。



**图书在版编目 (CIP) 数据**

趣学 Python 游戏编程 / 何青著．—北京：清华大学出版社，2020.3（2023.7重印）
ISBN 978-7-302-54977-2

Ⅰ．①趣…  Ⅱ．①何…  Ⅲ．①游戏程序－程序设计  Ⅳ．① TP317.61

中国版本图书馆 CIP 数据核字（2020）第 030560 号

**责任编辑**：秦　健
**封面设计**：李召霞
**责任校对**：胡伟民
**责任印制**：丛怀宇

**出版发行**：清华大学出版社
**网　　址**：http://www.tup.com.cn，http://www.wqbook.com
**地　　址**：北京清华大学学研大厦 A 座　　**邮　　编**：100084
**社 总 机**：010-83470000　　**邮　　购**：010-62786544
**投稿与读者服务**：010-62776969，c-service@tup.tsinghua.edu.cn
**质 量 反 馈**：010-62772015，zhiliang@tup.tsinghua.edu.cn
**印 装 者**：三河市科茂嘉荣印务有限公司
**经　　销**：全国新华书店
**开　　本**：186mm × 240mm　　**印　　张**：15.5　　**字　　数**：390 千字
**版　　次**：2020 年 6 月第 1 版　　**印　　次**：2023 年 7 月第 5 次印刷
**印　　数**：4601 ～ 5600
**定　　价**：49.00 元

---

产品编号：084567-01

# *Preface* 前　言

一方面，随着人工智能时代的来临，Python编程语言受到热捧，根据IEEE发布的《2018年最热门的编程语言》，Python在整体排名中位居榜首。随之而来的是对Python学习的巨大需求，国内高校纷纷开设Python程序设计课程，而且从2018年3月起，Python被纳入全国计算机等级考试科目。中小学也顺应时代的潮流，相继开始进行Python编程教学。2018年初，浙江省出台了最新的信息技术课程改革方案，Python确定进入浙江省信息技术高考。北京和山东也将把Python编程基础纳入信息技术课程和高考的内容体系。

另一方面，随着近年来游戏产业的急剧升温，游戏人才的缺口急剧增大，同时也催生了游戏设计的学习需求，越来越多的人开始学习游戏设计和编程，众多高校先后开设了游戏设计相关的专业及课程。然而游戏程序设计的门槛相对来说比较高，没有太多合适的学习工具让新手入门。关于游戏编程的书籍大多介绍的是专业级的开发工具（如Unity3D、Cocos2D等），针对初学者的书籍凤毛麟角。

本书尝试将以上两种需求结合起来，即通过Python语言来介绍游戏编程的基本原理和方法。一方面，可以为Python语言学习者提供一个实践的平台，通过游戏的设计和编写来深入理解Python语法，以此提高读者的实践应用能力，进而达到融会贯通的学习效果；另一方面，为游戏设计爱好者提供一个便捷的学习途径，利用Python的简洁性来介绍游戏设计，可以尽量排除语法层面的障碍，从而方便读者理解及掌握游戏编程的基本原理和实现方法。

**主要内容**

本书精选了十个游戏案例进行介绍，涵盖了不同的游戏类型。为了让读者能够“趣学”，本书挑选的都是经典而有趣的游戏案例，同时在写作风格上尽量做到轻松有趣，以便最大程度地提高读者的学习兴趣和学习效果。

书中每个游戏案例都被赋予一个主题，内容围绕该主题展开。具体如下：

第1章介绍弹跳小球游戏，主题为游戏循环的原理。通过设置游戏循环，实现了小球在游戏窗口四周弹跳的效果。

第2章介绍拼图游戏，主题为鼠标事件处理。通过对鼠标的单击事件进行处理，实现了图片块的移动操作。

第 3 章介绍扫雷游戏，主题为函数的递归调用。通过使用递归函数来打开方块，实现了方块的自动打开操作。

第 4 章介绍贪食蛇游戏，主题为键盘事件处理。通过对键盘的按键事件进行处理，实现了贪食蛇的移动控制。

第 5 章介绍打字游戏，主题为随机数的使用。通过为气球随机生成速度、位置及字母，展示了随机数在游戏设计中的奇妙作用。

第 6 章介绍打砖块游戏，主题为碰撞检测及处理。通过对小球与挡板及砖块实施碰撞检测，实现了游戏角色之间的交互行为。

第 7 章介绍 Flappy Bird 游戏，主题为场景滚动和角色动画。通过滚动显示场景图像，以及为小鸟播放飞行动画，实现了栩栩如生的游戏画面。

第 8 章介绍飞机大战游戏，主题为游戏角色的移动特效。通过为敌机设置缓动功能，实现了游戏角色复杂多变的移动效果。

第 9 章介绍推箱子游戏，主题为游戏关卡的设计与实现。通过为推箱子游戏添加多个关卡，实现了游戏关卡的设置、加载和切换。

第 10 章介绍五子棋游戏，主题为人工智能在游戏设计中的运用。通过为五子棋游戏加入人工智能算法，实现了人机对弈的功能。

**本书特色**

- 与时俱进。紧跟计算机技术及产业发展趋势，结合游戏开发、Python 语言、人工智能等热点内容，充分满足大众对时兴技术的好奇心和求知欲。
- 结构清晰。每一章围绕一个经典游戏案例展开，并将案例拆分为几个小任务，然后分任务、分步骤地进行介绍，展示游戏从无到有的全过程。
- 组织合理。内容按照由易到难的顺序来组织，各章节涉及的知识点先后关联，每一章都会介绍一些新技能，然后在后面的章节中加以运用。
- 注重实践。将 Python 语法知识及常用的编程技巧糅合到各个游戏案例中，以展示 Python 语言的实际运用场景，从而达到学以致用的效果。
- 通俗易懂。采用生动有趣的语言，细致入微的描述，并辅以丰富翔实的图例，充分顾及初学者及低龄读者的阅读习惯。

**学习建议**

由于本书各章节的知识点在逻辑上先后关联，因此建议从第 1 章开始，逐章节地进行学习。若实在对某个章节的案例感兴趣，也可以先学习该案例，当遇到不懂之处再去前面的章节中寻找答案。若读者之前不熟悉 Python 语言，则可以先看看附录部分关于 Python 基础语法的介绍。

在学习本书的过程中，建议跟随着书本将代码亲手编写一遍。对于每个游戏案例的各个小任务，可以先试着自己动手实现，若遇到问题再参考书中的解决办法。而对于书中给出的练习，也希望读者能够认真地加以思考和解决。“纸上学来终觉浅，绝知此事要躬行”，若想真正提高编程能力，除了多动手实践没有其他捷径。

**适用读者**

本书受众面很广，不仅适用于大学生、青少年，还包括社会大众，甚至中小学生，用来满足其学习游戏设计的需求，以及提高 Python 编程水平的需求。

若您对以下几个问题之一持肯定的答案，那么本书便适合您阅读。

- 您对计算机程序设计感兴趣吗？
- 您希望学习 Python 编程语言吗？
- 若您有一定的 Python 基础，希望进一步提高编程能力吗？
- 您想了解经典的小游戏是如何设计编写的吗？
- 您希望学习游戏编程技术来制作自己的游戏吗？

**技术支持**

更多学习资料与答疑解惑，请扫描右侧二维码。

由于作者水平有限，书中难免存在一些疏漏，敬请广大读者批评指正。对本书有任何疑问，可以通过清华大学出版社网站（www.tup.com.cn）与编辑沟通。

感谢家人、朋友及同事在本书的写作过程中给予的支持和关心，特别要感谢我可爱的女儿，作为最早接触书中游戏案例的人，她在乐此不疲地玩这些游戏的同时，也替我完成了大部分的测试工作。

作　　者

于白马湖畔

*Content* 目　录

# 第1章 神奇的游戏循环：弹跳小球

准备好了吗？我们即将开始激动人心的游戏编程之旅。或许你之前学习过一些编程知识，但若是从没接触过游戏编程，那么你仍然会对游戏程序的运行感到不解。游戏程序不像计算一个公式或谜题，得到答案之后程序就结束了，游戏程序一直是处于运行中的，只要你不主动退出，那么你可以永远待在游戏之中。这就是游戏循环的神奇魔力。

本章将深入介绍游戏循环的运作方式，以及如何运用游戏循环来编写你自己的第一个游戏——弹跳小球。我们将生成一个游戏窗口，然后在里面添加很多小球，让它们在窗口中自由移动，当小球碰到窗口四周时则发生反弹。是不是很有趣呢？

本章主要涉及如下知识点：

- 设置游戏开发环境
- 创建游戏场景
- 创建游戏角色
- 实现角色的移动
- 游戏循环的原理
- 管理多个角色

## 1.1 准备工作

### 1.1.1 选择合适的开发工具

“工欲善其事，必先利其器”，编写游戏之前需挑选一款合适的工具，这样可以大大地简化程序编写工作。Python 语言的很多第三方库都提供游戏编程功能，最有名的要属 Pygame 库了，它提供丰富的 API 来实现游戏的各种效果。但是，对初学者来说，Pygame 库还是显得有些复杂，这里希望采用更加简洁高效的工具，使得可以把注意力集中在游戏算法的实现上，而不需要花费太多精力去学习游戏开发库的使用。

于是本书打算采用 Pgzero 库来编写游戏。Pgzero 的完整名称是 Pygame Zero，不难看出，它是从 Pygame 库衍生而来的。可以说 Pgzero 就是 Pygame 的一个精简版本，能够实现 Pygame 库的主要功能，但是屏蔽了一些复杂的细节，使得初学者能够快速上手。

### 1.1.2 设置开发环境

由于 Pgzero 是 Python 的第三方库，它不能独立工作，必须在 Python 代码中来使用，因此首先需要安装 Python 开发环境。可以去 Python 官网下载最新的安装包进行安装（关于 Python 的详细安装步骤请参考附录）。现在已经准备好了游戏编程的基本环境，可以使用 Python 提供的 IDLE 编辑器来编写代码了。

且慢，你是否觉得使用 IDLE 编辑器来编写程序不是那么方便呢？对于简单的小程序当然无所谓了，但是游戏程序相对来说还是比较复杂的，而且游戏中需要调用一些图片或声音资源，还要对所有的游戏资源进行统一管理。因此还得寻找一个更加灵活方便的游戏编写工具，在这里我采用的是 Mu 编辑器。Mu 编辑器是专门为 Python 学习者设计的一个开发工具，它的编辑器非常友好，提供了很多的便捷操作，例如代码自动提示、代码缩进标示、语法检查等功能。更重要的是，它已经集成了 Pgzero 库，而且提供对游戏资源的管理，这正是我们所需要的，不是吗？关于 Mu 编辑器的安装在附录 A 中有详细介绍，现在直接运行 Mu 编辑器试一下。在初次打开 Mu 编辑器的时候会提示选择运行模式，如图 1.1 所示。

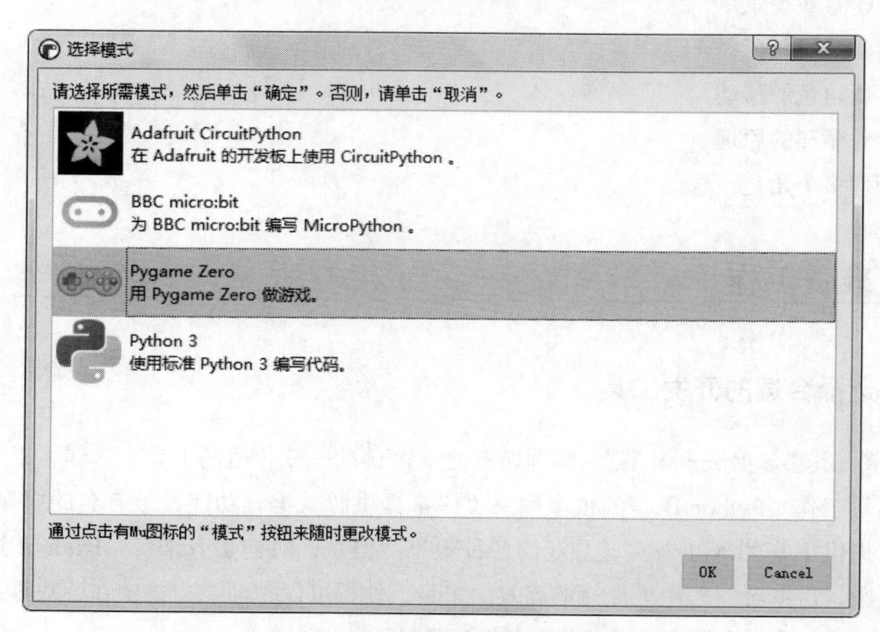


图 1.1 Mu 编辑器的模式选择界面

单击“ Pygame Zero”模式选项，接下来 Mu 编辑器便会切换到 Pgzero 模式，运行界面如图 1.2 所示。

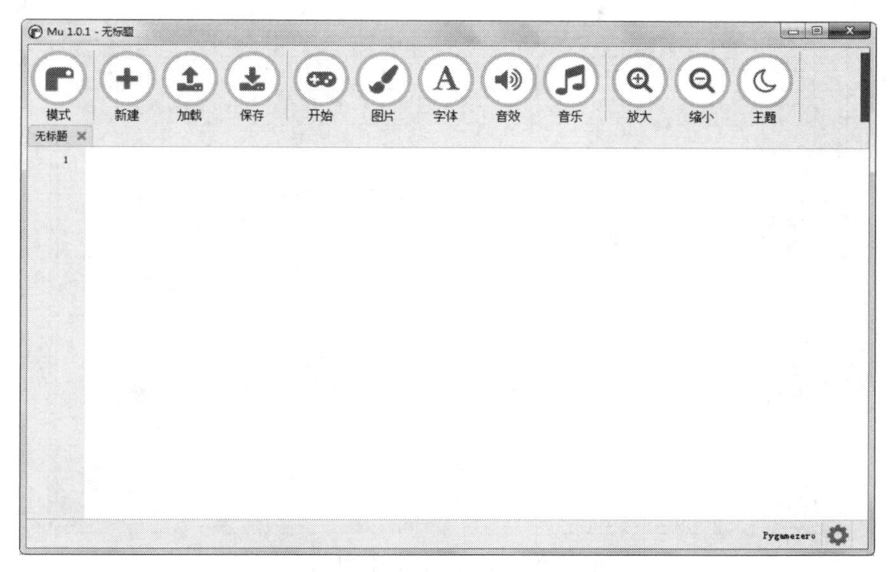


图 1.2 “Pygame Zero”运行模式

Mu 编辑器中的空白区域便是将要编写代码的地方，当程序写好之后，单击界面上方的“开始”按钮便可以运行程序了。看起来真是太棒了，还等什么呢？赶快开工吧！

## 1.2 从何处开始

接下来开始编写游戏。可是，游戏程序究竟什么样呢？或许你会在屏幕上输出“ Hello World”，或者你知道如何编程计算斐波拉契数列的值，但是你真的确定游戏程序应该如何编写吗？

首先，游戏运行需有一个图形界面（当然，早期的计算机游戏可能是文本界面的，但那已经是很古老的事了，现在探讨的都是基于图形界面的游戏）。为了显示图形界面，这里的程序应该能够生成一个“窗口”，在其中可以显示各种图形或图像，而游戏的内容正是由各种不同的图形或图像来表示的。

试着创建一个程序窗口。

### 1.2.1 创建程序窗口

在 Mu 编辑器上方的工具栏中单击“新建”按钮，可以看到编辑器中出现了一块空白区域，这便是新创建的 Python 源程序文件。接着单击“保存”按钮将该源程序文件保存在磁盘上，在弹出的对话框中为文件起一个名字，操作界面如图 1.3 所示。

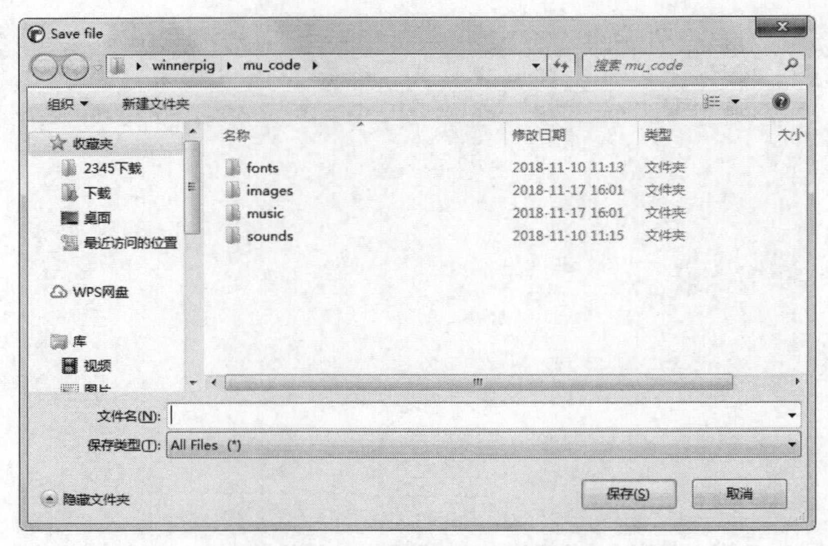


图 1.3　保存文件对话框

然后单击“运行”按钮试试，你会看到屏幕上出现了一个窗口，如图 1.4 所示。

图 1.4　游戏窗口界面

感觉如何？是不是惊讶得合不拢嘴？明明连一行代码都没有写，竟然就能出现一个窗口。这正是 Pgzero 的神奇之处。事实上，Pygzero 已经做了大量的“幕后工作”，使得我们可以专注于编写游戏逻辑，而不用太关注显示方面的问题。

然而眼前这个窗口黑乎乎的，并不太好看，而且窗口的大小也不是自己想要的。不要着急，我们一点点地解决问题。

### 1.2.2　改变窗口大小和颜色

首先解决窗口尺寸问题。在 Pgzero 中，通过定义两个常量值来确定程序窗口的大小，代码如下所示：

```
WIDTH = 500
HEIGHT = 300
```

注意 WIDTH 和 HEGIHT 是 Pgzero 预设的两个常量，分别用来表示程序窗口的宽度和高度值（单位为像素）。上面的代码表示将程序窗口的宽度值设为 500 像素，高度设为 300 像素。我们将这两行代码输入刚刚新建的源程序文件中，然后再次运行一下，可以看到窗口的大小发生了改变。

接下来试着改变一下窗口的背景颜色。在 Pgzero 中，窗口的背景颜色默认是黑色（原来如此），若要改变背景颜色，需要在程序中定义一个 draw() 函数。那么这个 draw() 函数又是个什么来头呢？

draw() 函数是 Pgzero 的“幕后主使”之一，它负责显示游戏中的各种图形或图像。只需在程序中定义自己的 draw() 函数，然后将需要绘制图形图像的代码写进 draw() 函数中，程序便会自动地执行 draw() 函数进行显示。

那么，要改变窗口的颜色，究竟要在 draw() 函数中编写什么代码呢？此时还需要借助 Pgzero 提供的内置对象 screen 来完成。事实上，Pgzero 为了简化游戏编程，在内部设置了很多的对象来协助完成游戏中的各项操作。screen 对象主要就是用来在窗口绘图的，它提供了很多的绘图方法，不仅能够绘制图形和图像，还能绘制文字信息，在后面的游戏编程中还会经常使用到它。

目前需要使用的是 screen 对象的 fill() 方法，它表示用某种颜色来填满整个窗口。该方法接受一个 RGB 元组作为参数。那什么是 RGB 元组呢？

---

**说明：**

了解 Python 的朋友可能对元组并不陌生，元组就是由一对小括号括起来的一组数值。

RGB 元组是由三个数所组成的元组，每一个数代表一个颜色分量。具体来说，第一个数代表红色 R（Red），第二个数代表绿色 G（Green），第三个数代表蓝色 B（Blue），每个数的取值范围从 0 到 255。这其实就是我们熟知的三原色，各种颜色都可以由红绿蓝三种基本颜色混合而成，相应地，可以改变 RGB 元组中三个数的值来获取不同的颜色。例如（255, 0, 0）表示红色，（0, 255, 0）表示绿色，（0, 0, 255）表示蓝色，（0，0，0）代表黑色，（255，255，255）代表白色等（感兴趣的朋友可以去网上查找某个颜色对应的 RGB 值）。

---

了解相关知识后，可以在源代码中加入以下两行代码：

```
def draw():
    screen.fill((255, 255, 255))
```

保存并运行程序，可以看到如图 1.5 所示的界面。没错，我们的窗口背景变成了白色。

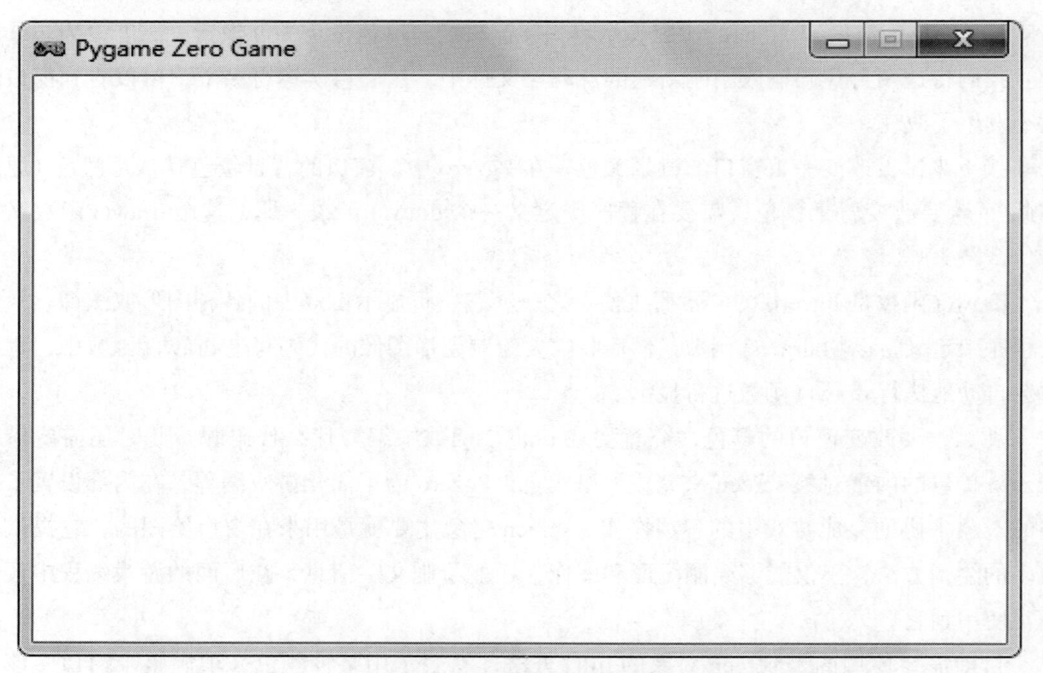


图 1.5　改变背景颜色后的程序窗口

---

**练习：**

可以试试改动 fill() 方法中传入的 RGB 数值，看看会显示什么不一样的背景颜色。

---

### 1.2.3　显示图像

现在拥有了一个程序窗口，但它似乎空空如也，并没有什么内容。我们希望在窗口里面显示点什么。例如准备将一幅精美的图片显示在窗口中，如何做到呢？

首先将图片文件放到指定的位置，即 images 文件夹中。单击 Mu 编辑器上方的“图片”按钮，会自动打开 images 文件夹，如图 1.6 所示。将图片文件复制到该文件夹中即可。

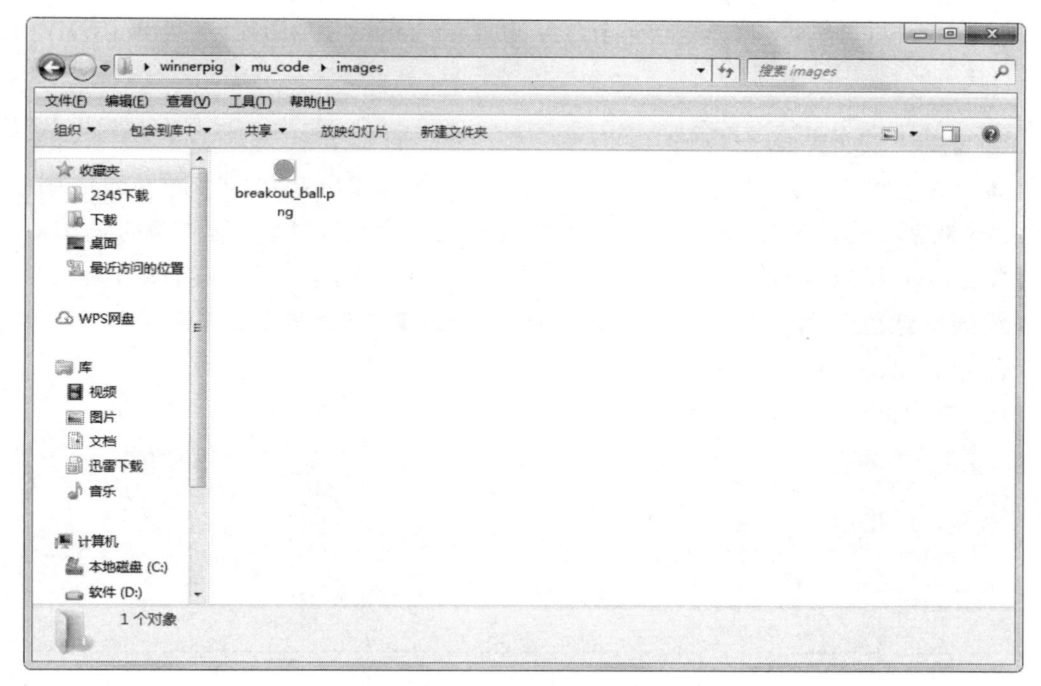


图 1.6　图片文件存放的文件夹

---

**说明：**

Pgzero 只支持三种格式的图片文件，分别是 png、jpg 和 gif 格式，因此在显示图片之前要看一看，图片文件后缀是不是符合以上文件类型，如果不是则需使用图片处理软件转换一下格式。同时注意一下图片文件的名字，只能由小写字母、下画线及数字组成，而且要以字母开头。例如以下文件名是符合要求的：

ball.png

ball2.png

breakout_ball.png

而如下文件名是不合要求的：

3.png

3degrees.png

my-cat.png

---

将图片文件准备好并放入 images 文件夹后，便可以将其显示在窗口中，这需要调用 screen 对象的 blit() 方法。例如显示一个名为 breakout_ball 的小球图片，只需要在程序中加入一行代码：

```
screen.blit("breakout_ball", (200, 100))
```

blit() 方法的第一个参数是要显示的图片文件名，以字符串表示（不要带后缀），第二个参数为图像显示的坐标。该坐标是由两个数所组成的元组，第一个数表示图像的横坐标，第二个数则为图像的纵坐标。由于 Pgzero 中窗口的坐标原点位于左上角，向右横坐标值增加，向下纵坐标值增加，因此坐标（200，100）表示图像从窗口左边界向右偏移 200 像素，从窗口上边界向下偏移 100 像素。

到目前为止已经编写了 5 行代码，如下所示：

```
WIDTH = 500
HEIGHT = 300
def draw():
    screen.fill((255, 255, 255))
    screen.blit("breakout_ball", (200, 100))
```

---

**提示：**

注意 draw() 函数中的两行代码要保持缩进一致，因为 Python 程序是根据缩进来划分语句块的，同一个函数中的所有代码要具有相同的缩进。

---

现在运行程序，可以看到图 1.7 所示的程序界面，其中标示了图像的坐标值所代表的含义。

现在不仅拥有了一个程序窗口，而且在里面显示了一幅图像，真是太了不起了。但别高兴太早，现在这个程序还不能称为游戏。我们都知道，游戏中的图形或图像是会“活动”的，也就是说它们可以不断地改变位置进行显示，而我们的程序目前只能在某个固定的位置显示一幅图像，它根本就不能动。不要灰心，接下来就想办法让它动起来。

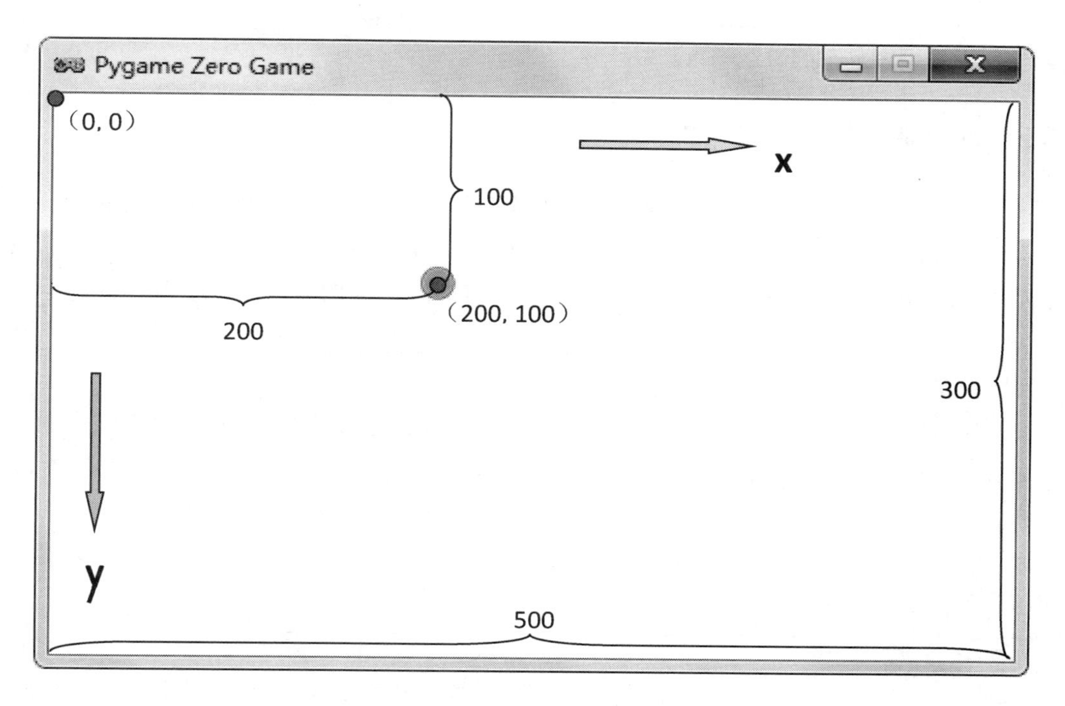


图 1.7　显示图像的程序界面

## 1.3　建立游戏世界

在采取行动之前，有必要来了解一下游戏的基本概念。在游戏的世界中有两个基本要素：场景和角色。游戏场景是指游戏发生的场所，或者说游戏的一个特定情景。通常我们会为游戏制作一些尺寸比较大的图片，以此作为游戏场景的背景图像。游戏角色是指游戏场景中的各种物体，它们不仅有特定的图像，更重要的是它们能够活动（通常是在场景范围内活动），而且彼此之间还能相互作用。

若是我们想设计游戏，则必须为游戏创建场景和角色。那么如何操作呢？

### 1.3.1　创建游戏场景

首先来创建游戏场景。其实游戏场景之前已经做好了。没听错吧？我们好像什么都没做啊，仅仅是建立了一个程序窗口，然后用白色将它填充了一下。没错，这就算是一个游戏场景。游戏场景可以很复杂，也可以很简单，就如同之前所做的，仅仅是用单一色彩来填充窗口，也可以作为游戏的场景。因为场景的主要作用是为各个游戏角色提供一个活动的场所，只要能够保证角色正确显示就可以了。我们的游戏编程之旅刚刚起步，一切从简，以后还会学习如何设计更加复杂的游戏场景。

### 1.3.2 创建游戏角色

接下来创建游戏角色。角色的创建似乎没那么简单，因为角色是需要活动的，而之前在窗口中显示的小球根本无法活动，因此它还不能算作游戏角色，仅仅只是一幅图像而已。怎么办呢？好在 Pgzero 事先已经准备好了，它通过提供一个叫作 Actor 的类来帮助创建游戏角色。

---

**说明：**

按照面向对象编程的思想，类就是对象的模板，通过类可以创建具体的对象实例。例如要烘焙饼干，可以先购买一个饼干模具（例如可爱的小动物形状模具），然后将原料倒入模具中进行烘焙，最后做好的就是小动物形状的饼干了。在这个例子中，饼干模具就好比是“类”，而做好的饼干就好比是“对象”，一个模具可以制作若干个相同的饼干，而一个类则可以创建若干个相同的对象。

---

因此可以使用 Pgzero 提供的 Actor 类来创建需要的角色对象。例如要创建一个小球角色，可以这样编写代码：

```
ball = Actor("breakout_ball", (200, 100))
```

上面这行代码调用 Actor 类的构造方法来生成小球角色对象，并将其保存在一个变量 ball 中，今后若要操作小球则只需访问 ball 变量即可。Actor 类的构造方法有两个基本参数，第一个是角色的图片文件名，第二个是角色的初始位置。这和之前显示图像的参数是一样的。

小球角色创建好了，那么如何将它显示在窗口中呢？是不是还与之前的一样，需要调用 screen 的 blit() 方法呢？当然不需要了。现在的小球已经不再是一幅图像，而是一个真正的角色对象，它拥有很多的属性和方法。其中有一个叫作 draw() 的方法，可以用来将自身显示在窗口中。

将之前的代码改写成如下：

```
WIDTH = 500
HEIGHT = 300
ball = Actor("breakout_ball", (200, 100))
def draw():
    screen.fill((255, 255, 255))
    ball.draw()
```

运行一下你会发现，程序的结果和图 1.7 所显示的效果是一模一样的。可是现在小球还是不会动呀！不要着急，我们已经做好了一切准备工作，现在是时候让它动起来了。

## 1.4 移动小球

### 1.4.1　改变小球坐标

倘若想要移动小球，必须改变它在窗口中的位置，即小球显示的坐标。在 Pgzero 中，角色对象拥有两个属性：x 和 y。前者表示角色在窗口中的横坐标，后者表示角色在窗口中的纵坐标。由于小球目前已经被定义为角色对象，可以直接修改它的 x 和 y 属性来改变其坐标值。

还有一件事需要注意，Pgzero 规定所有对角色操作的代码都要放置在一个叫作 update() 的函数中。因此首先定义一个 update() 函数，然后将改变小球坐标的代码放入其中，如下所示：

```
def update():
    ball.x += 1
```

---

**提示：**

“+=”是复合赋值运算符，意思是把 ball 的 x 值加 1 后再赋给 x，该句相当于：

ball.x = ball.x + 1

---

运行一下程序，你会发现小球开始缓缓地向右移动。真是棒极了！可这到底是怎么回事呢？明明只写了一行代码啊，小球的 x 坐标应该只增加 1 个单位才对，怎么它会一直朝着右边移动呢？

嘿嘿，这就是游戏循环的神奇魔力！

### 1.4.2　游戏循环

究竟什么是游戏循环呢？如果你有一点编程经验，一定编写过循环程序。所谓循环程序，就是程序在满足指定的条件下，重复不断地执行某些操作。游戏循环也是类似的原理，即把游戏操作的程序代码放置在一个循环语句中，让其自动地重复执行。那么游戏循环的执行条件是什么呢？循环中又该执行什么样的语句呢？

先来看看游戏循环的条件。想一想你玩游戏的经历，当你玩游戏的时候，除非你主动选择退出，否则你是一直处于游戏之中的。难道不是吗？从程序角度来看，自从你进入游戏开始玩，就已经处于游戏循环之中了，而且一直处于其中。因此，游戏循环的执行是无条件的，它本质上就是个死循环！天呐，没听错吧，编程课上老师可特别强调过，“编写循环程序时要检查循环条件，千万别写成了死循环”，没想到游戏程序竟然是个死循环。没错，游戏就是个死循环，或者称为无限循环。

可以用 while 语句来表示游戏循环，伪代码如下所示：

```
while True:
    执行游戏操作
```

可以看到，while 语句的循环条件设为了 True，而 True 是个布尔类型的常数，表达的含义就是“真”。因此，while 循环会一直重复地执行下去。

接着看看游戏循环中的操作语句应该如何编写。作为一个游戏，它要执行两个最基本的操作：一个是更新游戏逻辑，包括改变角色位置或图像，处理角色之间的相互作用，切换游戏场景等；另一个是绘制游戏图像，包括绘制游戏的背景，绘制角色的图像，绘制文字信息等，如图 1.8 所示。

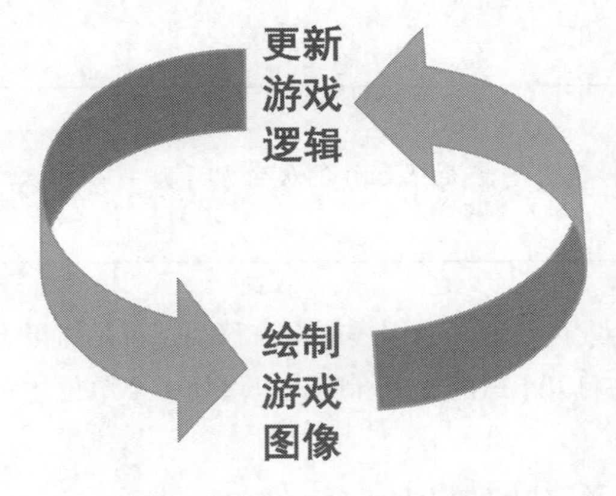


图 1.8　游戏循环示意图

在之前的程序中，我们编写了 update() 函数来改变小球坐标，也编写了 draw() 函数来绘制小球图像，而这两个函数恰好分别对应游戏循环中的两个基本操作：update() 函数用来更新游戏逻辑，而 draw() 函数用来绘制游戏图像。由于游戏是不断运行的，需要不断地更新游戏逻辑，同时显示更新后的内容，因此要将 update() 函数和 draw() 函数放入游戏循环中重复执行。程序看起来应该像这样：

```
while True:
    update()
    draw()
```

然而，我们编写代码的时候并不是这样写的，只是在程序中定义了 update() 和 draw() 函数，却并没有通过类似的无限循环语句来调用它们。确实是这样的，因为 Pgzero 不需要我们这样做，它已经在内部预先设定好了一个游戏循环，我们只负责定义 update() 和 draw() 函数，并将更新游戏逻辑和显示游戏图像的代码分别写入其中即可，Pgzero 内部的游戏循环会自动调用这两个函数。

当单击 Mu 编辑器上的“开始”按钮时，程序会启动游戏循环来开始游戏；当单击“停止”按钮时，程序便会终止游戏循环来退出游戏。

现在终于明白游戏程序竟然是这样运作的，有一点小小的满足感，原来游戏并没有想象的那么神秘嘛。既然 Pgzero 已经在幕后安排好了一切，那只需要集中精力为 update() 和 draw() 这两个函数编写代码就好啦。没错，就是这么简单！

### 1.4.3　朝其他方向移动

目前虽然程序已经实现了移动小球，可小球只是一直朝着右边移动，假如想要它朝左边、下边或者上边移动，又该如何实现呢？

首先可以确定，需要对 update() 函数中的代码进行修改，因为改变小球移动方向其实就是修改小球的坐标，这属于更新游戏逻辑的操作，所以无须对 draw() 函数进行改变。

目前小球之所以朝右边移动，是因为当初的 update() 函数中是这样的语句：

```
ball.x += 1
```

它表示游戏循环每执行一次，小球的 x 坐标都会增加 1 个单位。因此随着游戏循环的不断运行，小球的 x 坐标值会不断增大，小球与窗口左边界的距离也会越来越大，从而看起来就像是小球向右边移动。类似地，若想让小球向左移动，只需要不断地减少小球的 x 坐标值即可，代码如下：

```
ball.x -= 1
```

相应地，让小球向下移动，则增加小球的 y 坐标值：

```
ball.y += 1
```

让小球向上移动，则减少小球的 y 坐标值：

```
ball.y -= 1
```

如果想让小球斜着移动，例如从左上朝右下移动怎么办呢？此时可以同时改变小球的 x 和 y 坐标值。代码如下：

```
ball.x += 1
ball.y += 1
```

**练习：**

是否明白了呢？不妨动手试一下，若要小球从右上朝左下移动，应该如何修改代码呢？

### 1.4.4 移动得快一些

你是不是觉得现在这只小球移动得太慢了，像只蜗牛在爬一样，怎样让它快一点呢？小球之所以移动得慢，是因为每次对小球的坐标值只增加或减少了 1 个单位。若想加快小球的移动速度，那么可以试着将 1 替换成更大的数值。但你很快会发现，如果坐标值改变得太大，小球可能一下子就跑到窗口外面了。因此需要根据游戏的效果来反复修改数值，直到获得满意的效果为止。

**说明：**

其实在游戏编写过程中经常会遇到这样的情况，就是在设定游戏中的某个数值（例如角色的位置、生命的数量、攻击的威力等）的时候，需要根据游戏实际的运行情况来不断调整和修改，以达到比较满意的效果。这种方法常被称为“试错法”。

## 1.5 实现小球反弹

目前还存在一个问题，那就是当小球移动到窗口之外后，它便消失得无影无踪了。作为游戏角色的小球竟然跑到了场景外面！玩过游戏的朋友都知道，游戏角色是不能置于场景之外的，可怎样将小球的活动范围限定到窗口之内呢？

我们需要做两件事情：一是检查小球是否跑到了场景外面；二是让小球重新回到场景之中。

### 1.5.1 检测小球的位置

若要知道小球是否跑到场景之外，可以将它的位置与窗口进行比较，例如，如果小球的右边界超过了窗口的右边界，则可判定小球即将从右方跑出场景。那么如何用程序来表达这个意思呢？

目前我们只知道小球的 x 属性表示横坐标，y 属性表示纵坐标。而不论是 x 还是 y 的值，都是根据角色中心点的位置来计算的，所以准确来说，小球的 x 属性其实是小球中心点的横坐标，而 y 属性是小球中心点的纵坐标。那么如何表示小球右边界的坐标呢？

Pgzero 为角色对象提供了 4 个属性 left、right、top、bottom，分别表示角色的左、右、上、下各个边界的位置。具体来说，left 和 right 分别表示角色左边界和右边界与窗口左边界的距离；top 和 bottom 分别表示角色上边界和下边界与窗口上边界的距离。于是可以通过 ball 对象的 right 属性来获取小球右边界的位置。而要想知道小球的右边界是否超过了窗口右边界，则需要判断小球的 right 属性是否大于窗口的宽度 WIDTH，这可以借助条件语句 if 来实现，代码类似如下形式：

```
if ball.right > WIDTH:
    让小球重新回到窗口内
```

倘若条件成立，那如何让小球回到窗口之内呢？这就看你的意思了。换句话，你想怎样让小球回到窗口之内都可以，例如可以让小球从窗口右边跑出去，然后从窗口左边重新跑进来；或者当小球跑到场景之外后，让它直接回到窗口中的某个指定位置等。你完全可以按照自己的想法来规定小球的动作，然后编写代码实现，游戏便会忠实地按照你的想法来执行。其实这就是所谓的游戏规则设计，也是游戏设计的最大乐趣所在，因为此刻你就是造物主，游戏世界将会按照你制定的规则来运转。

虽然你可以按照自己的想法行事，但为了保证有人愿意玩你的游戏，你还是得仔细考虑一下如何让游戏规则更有乐趣。游戏设计的最高目标就是实现可玩性，为此需要付出巨大的努力。

### 1.5.2　将小球反弹回来

下面考虑这样一种规则，那就是当小球超出窗口边界后，将其反弹到窗口之内。例如，小球如果向右边移动时超出了边界，则让它掉过头来朝左移动。对其他方向也可采取类似的操作。这就跟桌球运动中的小球一样，若在移动中碰到库边则发生反弹。效果如图 1.9 所示。这样的设计看起来还蛮有趣的，不是吗？赶紧编写代码吧。

首先实现窗口右边界的反弹。将 update() 修改为如下代码：

```
def update():
    ball.x += 5
    if ball.right > WIDTH:
        ball.x -= 5
```

我们把这段代码“翻译”一下，它表示：小球的横坐标先是增加 5 个单位，如果它的右边界超出了窗口右边，则将它的横坐标减少 5 个单位。看起来完全符合逻辑，那么运行看看是什么效果。

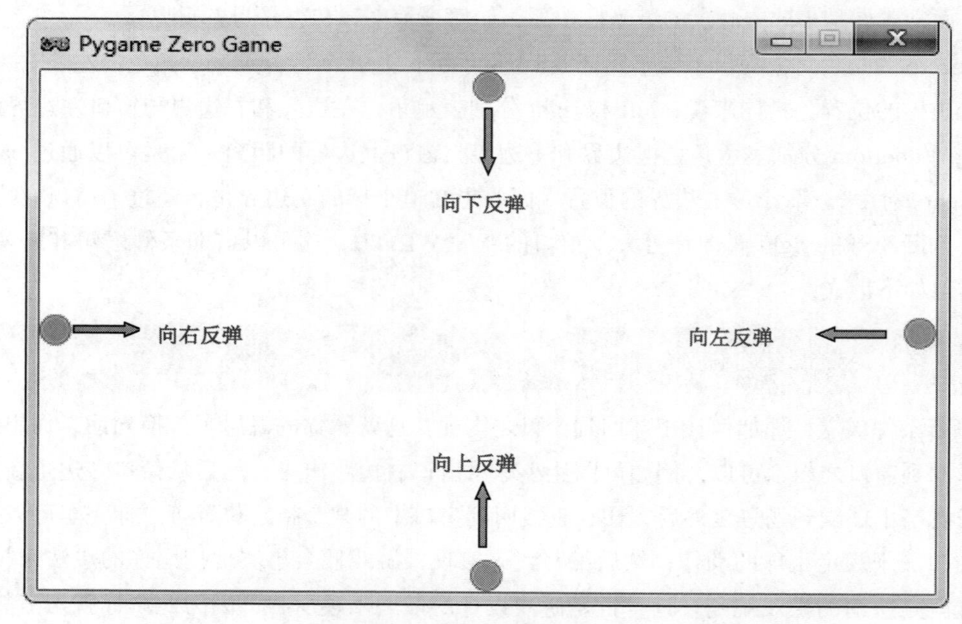


图 1.9　小球反弹效果示意图

怎样，是不是有点失望？实际情况是小球一动不动地停靠在窗口右边。为何会这样呢？让我们仔细分析一下程序。你可别忘了，update() 函数是在游戏循环中反复调用执行的，因此小球的 x 值会不断增加，当 x 值大于窗口宽度之后会执行一次 x 值减 5 操作。而在下一次的循环中，小球的 x 值仍然要加 5，增加之后超出了边界随即又减 5。最后的结果就如同你所见到的，小球的坐标既不能继续增加，也不会持续减少，它永远地停靠在窗口右边界。

以上代码的问题在于，我们希望小球向右移动超出边界后“反弹”，也就是掉转移动的方向，改为向左移动。但是从代码来看，“ ball.x += 5”这句却让小球一直朝右移动。原因就在于，为小球的 x 坐标值增加的是一个常数 5，这个常数仅仅代表了移动的距离，而不能表示移动的方向。为了实现小球的反弹，需要让小球的坐标加上一个变量，这个变量既能表示移动的距离，又能表示移动的方向，将其称为速度变量。

由于小球可以在水平和垂直两个方向移动，可以定义两个速度变量 dx 和 dy，分别表示小球在水平和垂直方向的速度。dx 和 dy 的大小用来表示移动距离，而正负则可表示不同的方向，例如 dx 为 5 表示向右移动 5 个单位，而 –5 表示向左移动 5 个单位；相应地，dy 为 5 表示向下移动 5 个单位，而 –5 表示向上移动 5 个单位。

另外，由于速度是专属于小球的变量，因此最好将其设置为小球对象的属性。需要注意的是，Pgzero 事先并没有为角色设置速度这个属性，所以需要我们自己添加。其实在 Python 语言中为一个对象添加属性非常方便，可以采用如下的代码为小球添加速度属性：

```
ball.dx = 5
ball.dy = 5
```

这样一来，就能方便地实现小球的反弹了。只需要将 update() 函数修改为如下形式即可：

```
def update():
    ball.x += ball.dx
    if ball.right > WIDTH:
        ball.dx = -ball.dx
```

运行一下，看看是不是可以了呢？当然，以上代码只能实现窗口右边界的反弹，如果要让小球在窗口左边界也能反弹，则 if 语句中还要增加额外的判断条件，即判断小球的左边界是否超出了窗口的左边界。可以用 or 关键字来连接两个不同的判断条件，则不论是超出右边界还是超出左边界，小球都将发生反弹。代码如下所示：

```
def update():
    ball.x += ball.dx
    if ball.right > WIDTH or ball.left < 0:
        ball.dx = -ball.dx
```

这样一来，小球向左移动时，如果左边界值小于 0 之后，也会掉转方向，重新朝右方移动。于是游戏的运行效果就是，小球不停地在窗口左右两侧之间来回移动。想一想，若要小球在窗口上下边界之间来回移动，又该如何编写代码呢？

最后，让小球的垂直速度也同时发生改变，并添加垂直方向的反弹规则。代码如下所示：

```
def update():
    ball.x += ball.dx
    ball.y += ball.dy
    if ball.right > WIDTH or ball.left < 0:
        ball.dx = -ball.dx
    if ball.bottom > HEIGHT or ball.top < 0:
        ball.dy = -ball.dy
```

运行一下看看，现在小球竟然围绕窗口四周愉快地弹跳起来了！是不是很神奇呢？

## 1.6 加入更多的小球

游戏的设计目标已经基本达成，但现在窗口中只有一个小球，是不是显得有点孤单呢？

为了让游戏看起来更好玩，不妨再多添加几个小球。例如要在窗口中加入两个小球，该怎么编写代码呢？

### 1.6.1 添加两个小球

既然已经知道如何创建一个小球，那么依样画葫芦，再定义一个小球角色，然后分别在 update() 函数和 draw() 函数中编写逻辑更新与显示图像的代码即可。完整的代码如下所示：

```
WIDTH = 500
HEIGHT = 300
ball = Actor("breakout_ball", (200, 100))
ball.dx = 5
ball.dy = 5
ball2 = Actor("breakout_ball", (100, 200))
ball2.dx = 5
ball2.dy = 5
def update():
    ball.x += ball.dx
    ball.y += ball.dy
    if ball.right > WIDTH or ball.left < 0:
        ball.dx = -ball.dx
    if ball.bottom > HEIGHT or ball.top < 0:
        ball.dy = -ball.dy
    ball2.x += ball2.dx
    ball2.y += ball2.dy
    if ball2.right > WIDTH or ball2.left < 0:
        ball2.dx = -ball2.dx
    if ball2.bottom > HEIGHT or ball2.top < 0:
        ball2.dy = -ball2.dy

def draw():
    screen.fill((255, 255, 255))
    ball.draw()
    ball2.draw()
```

运行一下，可以看到窗口中出现了两个小球，它们都在绕着窗口四周进行弹跳，如图 1.10 所示。是不是很简单呢？

---

**练习：**

不妨按照相同的思路再添加一个或更多小球。

---

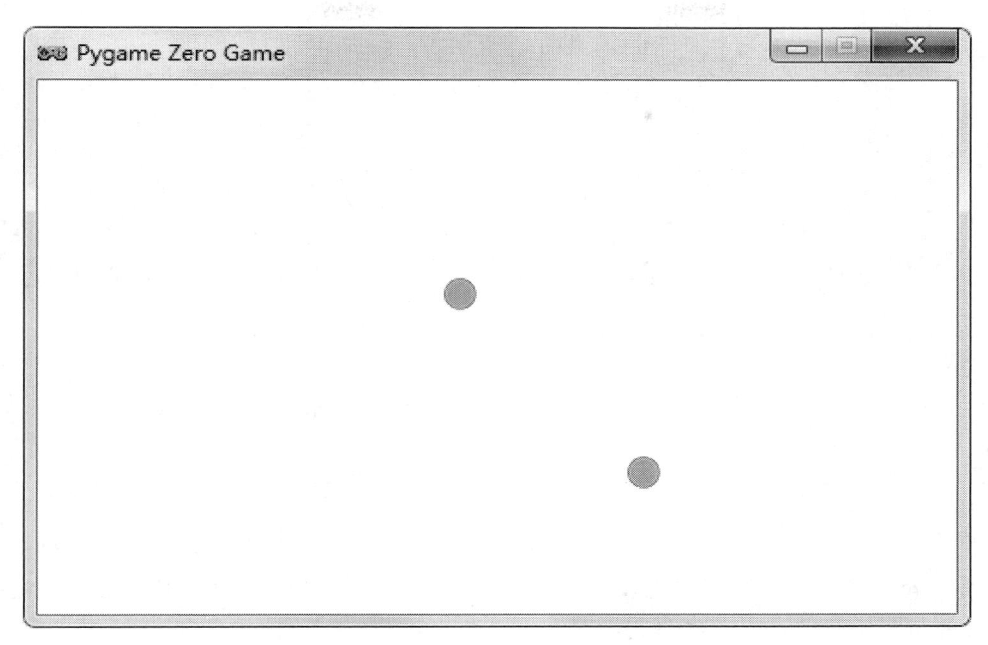


图 1.10　两个弹跳的小球

你很快就会发现问题，随着小球数量的增加，代码会变得越来越长。其实不难发现，在上面的代码中，两个小球角色除了名称和初始位置不同之外，其他的操作几乎是一模一样的。倘若要在程序中添加大量的小球，例如几十个甚至上百个小球，那么意味着相同的操作也要重复几十遍甚至上百遍，而且代码的长度将变得不可想象。

## 1.6.2　使用列表

那么有没有更便捷的方法来统一处理多个角色的操作呢？当然有。Python 中提供了组合数据类型，目的就是集中管理多个对象，其中最常用的当属列表类型 List。既可以动态地向列表中添加对象，也可以随时从列表中删除对象，而随着对象的增加或减少，列表的长度也会自动改变。还可以将循环语句与列表的操作结合起来，从而实现对列表中所有对象的统一操作。

为了生成多个小球，首先定一个空列表，命名为 balls。同时定义一个常量 NUM，用来表示小球的数量。代码如下：

```
NUM = 10
balls = []
```

其次通过 for 循环语句自动创建每个小球角色，接着为其设置坐标和速度值，最后将其加入列表 balls 中。代码如下所示：

```
for i in range(NUM):
    ball = Actor("breakout_ball")
    ball.x = 50 * i + 100
    ball.y = 100
    ball.dx = 5 + i
    ball.dy = 5 + i
    balls.append(ball)
```

---

**提示：**

上述代码所使用的循环叫作计数循环，循环的总次数由 range() 函数决定（在这里是 10），同时使用循环变量 i 来记录当前的次数。

---

循环每运行一次都会创建一个小球角色，这是通过调用 Actor() 构造方法来实现的。可以看到，Actor 方法的参数可以仅仅是一个图片文件名，而角色的位置可以在角色创建后再进行设置。

为了让小球的运动呈现不同的轨迹，在上述代码中为每个小球角色设置的坐标和速度都不相同，这是通过循环变量 i 的不同取值来实现的。而在每一次循环操作的最后，程序都会调用列表的 append() 方法，将创建的小球加入列表中。当整个循环语句执行完毕，所有的小球便全部加入列表中。

接下来在 update() 函数中对所有小球统一进行逻辑更新操作，而这也可以借助 for 循环语句来实现。代码如下所示：

```
def update():
    for ball in balls:
        ball.x += ball.dx
        ball.y += ball.dy
        if ball.right > WIDTH or ball.left < 0:
            ball.dx = -ball.dx
        if ball.bottom > HEIGHT or ball.top < 0:
            ball.dy = -ball.dy
```

---

**提示：**

在上述代码中所使用的循环叫作遍历循环，意思就是说，循环语句会对列表中的每个对象依次进行操作。

---

对于 balls 列表中保存的每一个小球角色，程序首先改变其坐标值，然后执行反弹操作。

游戏最终呈现的效果便是所有的小球都在窗口内不停地弹跳。

最后在 draw() 函数中对所有小球统一进行图像绘制操作，代码如下所示：

```
def draw():
    screen.fill((255, 255, 255))
    for ball in balls:
        ball.draw()
```

可以看到，这里同样采用了遍历循环。调用 balls 列表中每个小球的 draw() 方法来完成图像的绘制。

至此，已经完成弹跳小球游戏，最终的游戏效果如图 1.11 所示。试一试加入更多的小球吧！

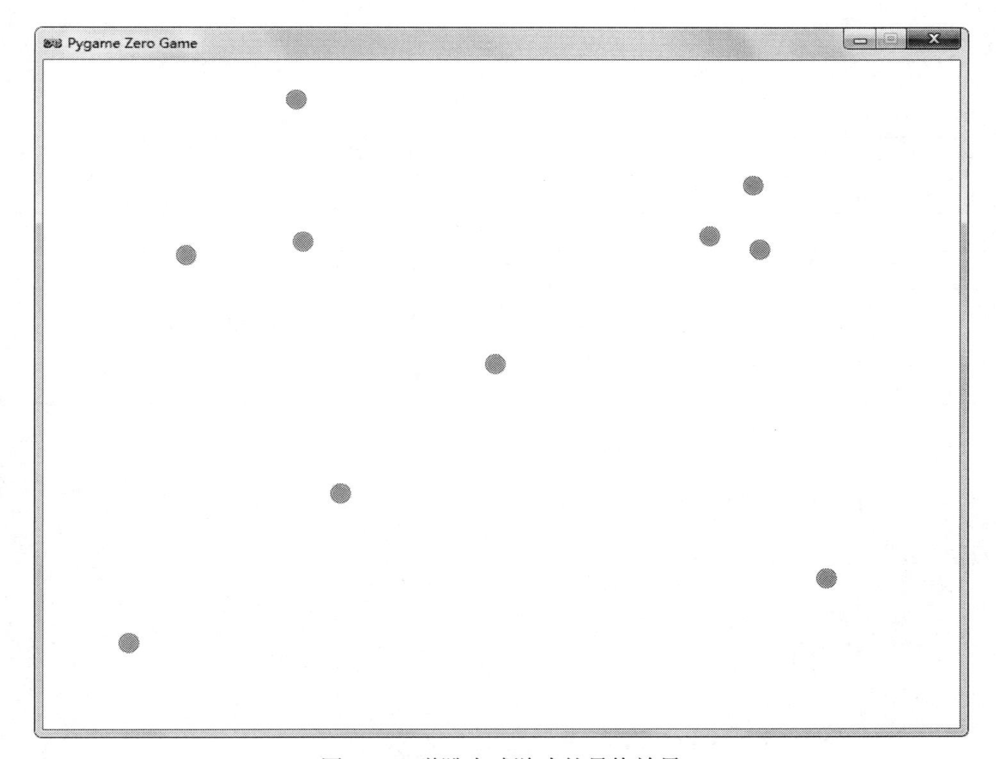


图 1.11　弹跳小球游戏的最终效果

## 1.7 回顾与总结

在本章中，我们从无到有编写了一个弹跳小球的游戏。首先学习了 Mu 编辑器的基本操作，以及如何借助 Pgzero 库来创建游戏窗口。然后了解了如何在窗口中绘制背景及图像。接下来学习了如何创建游戏角色，并在窗口中生成了一个小球角色。设法让小球移动，并借此理解了游戏循环的概念，正是依靠游戏循环，游戏才会不断运行。此后还实现了小球的反弹效果，让小球围绕窗口的四条边界来回弹跳。最后，添加了很多个弹跳的小球，并通过列表对它们进行统一的管理和操作。

本章涉及的 Pgzero 库的相关特性总结如表 1.1 所示。

表 1.1 本章涉及的 Pgzero 库的相关特性

| Pgzero 特性 | 作 用 描 述 |
| --- | --- |
| WIDTH | 程序窗口的宽度 |
| HEIGHT | 程序窗口的高度 |
| update() | 更新游戏逻辑的相关代码 |
| draw() | 绘制游戏图像的相关代码 |
| screen.fill((255, 255, 255)) | 用指定颜色填满窗口背景 |
| screen.blit("breakout_ball") | 在窗口绘制指定的图像 |
| ball = Actor("breakout_ball") | 用指定图片创建一个游戏角色 |
| ball.x | 角色的 x 坐标值 |
| ball.y | 角色的 y 坐标值 |
| ball.right | 角色右边界的坐标值 |
| ball.left | 角色左边界的坐标值 |
| ball.top | 角色上边界的坐标值 |
| ball.bottom | 角色下边界的坐标值 |

下面给出弹跳小球游戏的完整源程序代码。

```
# 弹跳小球游戏源代码balls.py
WIDTH = 800                              # 屏幕宽度
HEIGHT = 600                             # 屏幕高度
NUM = 10                                 # 小球数量
balls = []                               # 小球角色列表
for i in range(NUM):                     # 生成小球角色
    ball = Actor("breakout_ball")
    ball.x = 50 * i + 100                # 设置小球水平坐标
    ball.y = 100                         # 设置小球垂直坐标
    ball.dx = 5 + i                      # 设置小球水平速度
    ball.dy = 5 + i                      # 设置小球垂直速度
    balls.append(ball)                   # 将小球角色加入列表


# 更新游戏逻辑
def update():
    for ball in balls:
        ball.x += ball.dx                # 更新小球水平坐标
        ball.y += ball.dy                # 更新小球垂直坐标
```

```
        # 若小球碰到屏幕左右边界，则水平反向
        if ball.right > WIDTH or ball.left < 0:
            ball.dx = -ball.dx
        # 若小球碰到屏幕上下边界，则垂直反向
        if ball.bottom > HEIGHT or ball.top < 0:
            ball.dy = -ball.dy


# 绘制游戏图像
def draw():
    screen.fill((255, 255, 255))      # 清空屏幕
    for ball in balls:
        ball.draw()                   # 绘制小球
```

# 第 2 章

# 用鼠标控制游戏：拼图

在第 1 章中，我们完成了一个弹跳小球的游戏。虽然实现了小球图像的移动和显示，但是准确来说，它还不能算作一个游戏。因为游戏是用来“玩”的，也就是说，玩家需要通过某种方式来操作游戏的角色，而在弹跳小球游戏中，小球只是自己在不停地移动，它的运动并没有受到我们的控制。若想编写一款真正的游戏，则要考虑为游戏添加控制操作。

在本章中，我们将一起编写一个拼图游戏，即将一些零散的图片块拼合成一幅完整的图像。我们希望通过鼠标来操作图片块，具体来说，当玩家用鼠标单击图片块时可以移动它的位置，当所有的图片块都移动到正确位置时游戏便完成了。让我们一起来编写这个游戏吧！

本章主要涉及如下知识点：

- 自动创建多个不同角色
- 使用随机函数
- 处理鼠标单击事件
- 模块化编程方法
- 播放声音文件
- 在窗口显示文字

## 2.1 添加图片块

### 2.1.1 准备图片资源

由于拼图游戏是将一系列小的图片块拼成一幅完整的大图像，因此首先需为游戏准备一些小图片，要保证每一张小图片都是完整图像的某个组成部分。在拼图游戏中，图片块越多，操作的难度就越大。为了简单起见，这里只使用了 9 张图片来完成拼图，如图 2.1 所示。

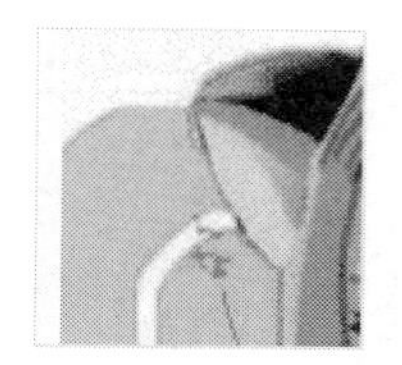

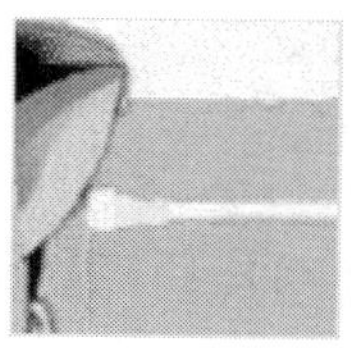

puzzle_pic0.png puzzle_pic1.png puzzle_pic2.png

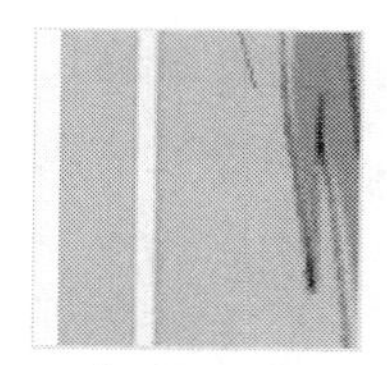

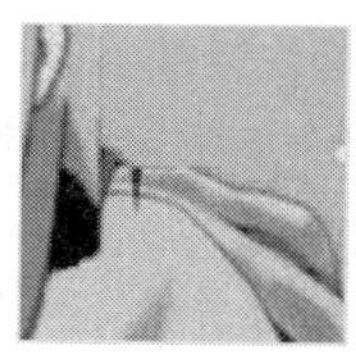

puzzle_pic3.png puzzle_pic4.png puzzle_pic5.png

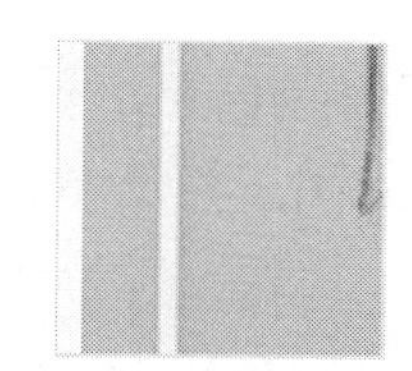
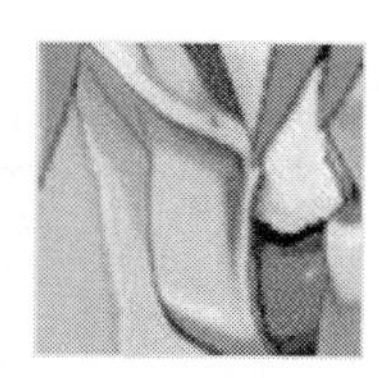
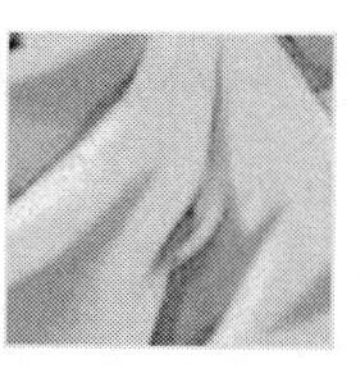

puzzle_pic6.png puzzle_pic7.png puzzle_pic8.png

图 2.1 拼图游戏使用的图片文件

### 2.1.2 创建游戏场景

作为游戏程序编写的第一步，需要创建一个游戏角色活动的场景。首先确定场景的大小。我们的游戏使用 9 个图片块来完成拼图，最终图像的尺寸应该是 3×3 个图片块大小，即水平方向 3 个图片块，垂直方向也是 3 个图片块。每个图片块的宽度和高度都是 96 像素，因此最终图像的宽度和高度则都是 96 的 3 倍，以此作为游戏场景的宽度和高度值，代码如下所示：

```
SIZE = 96
WIDTH = SIZE * 3
HEIGHT = SIZE * 3
```

上述代码首先定义了一个常量 SIZE，用来表示图片块的尺寸。然后将场景的宽度 WIDTH 和高度 HEIGHT 分别设置为 SIZE 的 3 倍。

接着显示场景，这就需要在 draw() 函数中进行处理。为程序加入如下代码：

```
def draw():
    screen.fill((255, 255, 255))
```

可以看到，这里仍然采用最简单的办法，即使用单一的颜色来填充整个游戏场景。这里使用白色作为背景颜色。

### 2.1.3 用列表管理图片块

游戏场景已经准备好了，接下来要考虑创建游戏角色。对于拼图游戏来说，游戏角色就是玩家需要操纵的图片块，准确来说，每一个图片块都对应着一个游戏角色。在弹跳小球游戏中，我们学习了如何创建游戏角色，以及如何对多个游戏角色统一管理，现在是时候将之前学到的知识运用一下了！

还记得吗？可以通过 Actor() 构造方法来创建一个角色，只需要将角色的图片文件名作为参数传递给 Actor() 方法即可。例如创建第一个图片块角色的代码可以这样写：

```
pic = Actor("puzzle_pic0")
```

为了管理 9 个图片块，需要定义一个列表，将创建的图片块角色统统加入其中。代码如下所示：

```
pics = []
pics.append(pic)
```

上述代码中首先定义了一个图片块列表 pics，然后调用 append() 方法将刚才创建的图片块角色 pic 加入列表。

那么问题来了，总共有 9 张图片，难道要一张一张地创建角色并加入列表吗？当然不用亲自动手，重复的操作交给循环语句来处理就好了。由于知道循环的确切次数，可以使用计数循环来完成创建角色的操作，在这里循环的次数为 8 次。

慢着，是不是弄错了，一共 9 张图片，难道循环次数不是 9 次吗？没错，只有 8 次。根据游戏规则，需要移动图片块的位置，倘若将全部的 9 张图片都加入游戏场景，那么图片块就没移动的空间了，因此需要预留一个空白的区域用来移动图片块。

原来如此。那么还有一个问题就是，每个图片文件的名字都不一样，怎么在循环语句中通过不同的文件名来创建相应的图片块角色呢？这个问题不难解决。请仔细看看图 2.1 中展示的图片文件名，你会发现所有文件名的前面都是一串相同的字符“puzzle_pic”，只是后面接了个不同的数字（按照从 0 到 8 的顺序依次编号）。其实这样来命名就是为了便于循环操作的。

我们可以将图片文件的名字分为两部分，前面是字符串“puzzle_pic”，后面是数字，而数字的编号恰好可以和循环变量的值对应起来。于是可以编写如下代码来自动创建所有图片块角色：

```
for i in range(8):
    pic = Actor("puzzle_pic" + str(i))
    pic.index = i                              # 图片块索引值
    pics.append(pic)
```

需要注意的是，由于循环变量 i 的类型是整型，而图片文件名的类型是字符型，为了将 i 的值转化为图片文件名中的字符，首先需要调用 Python 内置的 str() 函数进行类型转换，然后通过字符串连接操作符“+”将文件名的前后两部分连接起来，从而形成完整的图片文件名。

接着将完整的图片文件名传入 Actor() 方法，便可创建相应的图片块角色。角色创建之后随即将其加入图片块列表。

此外，上述代码还为每个图片块角色定义了一个属性 index，并将循环变量的值赋予该属性。那么这个属性有什么作用呢？它实际上记录了图片块的编号，具体作用后面再进行解释。

## 2.2 打乱图片块

下面要考虑将图片块显示在窗口中。若要将所有的图片块显示在窗口中，则需要依次从列表中读取各图片块并显示。需要注意的是，目前我们是按照图片文件名从 puzzle_pic0 到 puzzle_pic7 的次序将图片块加入列表中的，很显然，图片块在列表中的位置也是固定的。这就意味着每次运行游戏的时候，图片块会按照固定次序显示在窗口中。这显然不符合游戏的规则。

在拼图游戏中，玩家需要将分散的图片块拼合成完整的图像。所谓分散的图片块，就是说各个图片块在窗口中的位置不是事先确定的，而是随机变化的。因此在每次的游戏中，图片块的位置都是不相同的。这也是拼图游戏的乐趣所在，每次游戏都是新的挑战，玩家可以反复进行游戏。

那么怎样让图片块在窗口中分散地显示出来呢？上面提到，所有图片块都是按固定次序保存在列表中的，只要设法随机打乱图片块在列表中的次序，然后再将它们显示出来，则可以达到分散显示的效果。这需要借助 Python 提供的随机函数。

### 2.2.1 使用随机函数

在程序设计中经常会遇到使用随机数的情况，对于游戏程序更是如此。为了增添游戏的乐趣或挑战，游戏往往会通过随机发生的事件来制造惊喜或障碍，而这都需要借助随机数来实现。

---

**说明：**

为了让编程者方便地获取随机数，Python 中提供了一个名叫 random 的库，其中包含了很多对随机数进行处理的函数。我们希望随机打乱图片块在列表中的次序，因此可以使用 random 库中的 shuffle() 函数。只需要将列表所为参数传入该函数，它可以随机地改变各个元素在列表中的位置。

---

需要注意的是，使用 shuffle() 函数前首先得导入 random 库，因此在程序的最前面加上这一行代码：

```
import random
```

接着在之前编写的程序后面加入如下语句：

```
random.shuffle(pics)
```

该语句表示调用 random 库的 shuffle() 函数，参数为图片块列表 pics。执行这句之后，pics 中各个图片块的次序便被随机打乱了。

### 2.2.2 将图片块显示出来

最后显示图片块。既然列表已经被随机打乱次序，只需要从列表中依次取出各个图片块并显示即可。然而还有一个问题。就是目前还没有为图片块设置坐标。在创建图片块的时候，在 Actor() 方法中仅仅传入了图片文件名，而没有传入坐标值。在这种情况下，Pgzero 会自动地将每个图片块的坐标设置为（0,0），如果直接显示，可以看到所有图片块都会“挤”在窗口的左上角。

为了让图片能够显示在正确的位置，需要为每个图片块设置坐标。当然，你可以逐个设置 8 张图片，但既然循环语句可以自动操作，我们又何必浪费时间亲手去做呢？实际上，可以使用计数循环语句，从列表中依次取出每个图片块并为其设置坐标即可。

那么各个图片块的坐标又分别设为多少呢？由于我们的拼图是由 9 张图片块组成的 3 × 3 的网格，因此程序窗口也可以相应地划分为 9 个方格，一个方格中显示一个图片块。每个方格的位置可以用一对数值（i，j）来表示，其中 i 代表方格所在列的编号，而 j 表示方格所在行的编号。各图片块所在方格的位置编号如图 2.2 所示（注意行和列的编号都是从 0 开始的）。

这样一来，每个图片块的坐标便可以通过其所在的方格编号来确定，只需要将图片块的大小乘上相应的列号或行号即可。于是可以编写如下代码为所有图片块设置坐标：

```
for i in range(8):
    pics[i].left = i % 3 * SIZE
    pics[i].top = i // 3 * SIZE
```

| (0, 0) | (1, 0) | (2, 0) |
|---|---|---|
| (0, 1) | (1, 1) | (2, 1) |
| (0, 2) | (1, 2) | (2, 2) |

图 2.2　图片块方格的位置编号

在循环运行过程中，循环变量 i 的值从 0 增加到 7，i 的每个取值都对应着列表 pics 中的一个图片块 pics[i]，同时该图片块的坐标也可通过 i 求得。由于拼图中总共有 3 列图片块，因此可用 i 对 3 进行“取余”运算，得到 pics[i] 所在方格的列号，而用 i 对 3 进行“取整”运算来得到行号。接着分别将列号和行号乘上图片块的尺寸 SIZE，便可算出 pics[i] 的左边界和上边界的位置，并分别赋值给 pics[i] 的 left 和 top 属性。

最后修改 draw() 函数，在其中加入遍历循环语句，依次调用每个图片块的 draw() 方法进行显示。修改后的 draw() 函数代码如下所示：

```
def draw():
    screen.fill((255, 255, 255))

    for pic in pics:
        pic.draw()
```

现在运行一下游戏，可以看到如图 2.3 所示的效果，其中各个图片块的位置是随机确定的。多运行几次，看看是否每一次显示的画面都不相同。

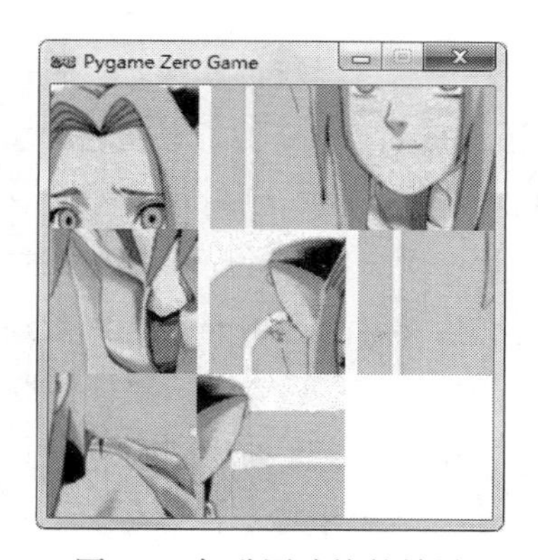


图 2.3　打乱图片块的效果

# 2.3 移动图片块

现在图片块已经准备好了，但是游戏暂时还不能玩，因为它还不具备交互性。对于一款游戏来说，其根本的特性在于交互性，即玩家和游戏可以通过某种渠道建立联系，一方面玩家可以向游戏传达操作命令，另一方面游戏也需要向玩家反馈操作结果。前者可借助计算机的输入设备来实现，例如通过鼠标或键盘来控制游戏操作；后者则要求游戏将操作的结果以图像或声音的形式即时表现出来。

下面为游戏添加交互手段。根据拼图游戏规则，玩家能够移动各个图片块的位置，使得所有图片块拼合成一幅完整的图像。那么如何让玩家来操作图片块呢？可以使用鼠标来控制游戏操作，例如当玩家用鼠标单击某个图片块时，能够移动它的位置，并将其重新显示在窗口中。

## 2.3.1 处理鼠标单击事件

可是程序如何知道玩家是否单击了鼠标呢？ Pgzero 早已帮我们解决了这个问题，它会自动检测鼠标的单击动作。

---

**说明：**

事实上，大多数高级语言都是基于某种事件处理机制来应对用户的输入操作，例如鼠标单击或按键按下等常见操作。具体来说，鼠标单击或按键按下操作被称为一个“事件”，而事件发生后程序采取的应对措施则被称为“事件处理”。事件的检测和处理通常是程序内部自动进行的，编程者无须考虑事件的处理过程，只需告诉程序事件发生后要执行什么操作就可以了。

---

我们希望玩家用鼠标单击图片块后，能够将其移动。那么又该如何告诉程序单击鼠标后进行移动操作呢？对于这个问题，Pgzero 也提供了方便的解决办法，即提供一个 on_mouse_down() 函数来处理鼠标单击事件。具体来说，将鼠标单击后要执行的操作代码写入该函数中，则当鼠标单击事件发生后，程序便会自动执行该函数中的操作。

为了获取鼠标事件的具体信息，on_mouse_down() 函数还提供了两个参数，分别是 pos 和 button，前者表示鼠标单击处的坐标值，后者表示鼠标的按键值。在拼图游戏中，只需使用 pos 参数即可。需要注意的是，pos 其实是一个元组类型的变量，它包含两个数值：pos[0] 表示鼠标单击处的水平坐标；pos[1] 表示鼠标单击处的垂直坐标。当鼠标单击事件发生时，程序会自动地把单击处的坐标值保存在 pos 元组中。可以编写下面的代码测试一下：

```
def on_mouse_down(pos):
    print("x=" + str(pos[0]))
    print("y=" + str(pos[1]))
```

运行一下程序，然后在程序窗口中单击鼠标，Mu 编辑器的下方便会输出单击处的坐标值。

现在程序能够响应鼠标单击操作了，可是如何在鼠标单击图片块后让它移动呢？首先选中鼠标所单击的图片块，然后看看它能否移动，如果可以则改变它的位置。

### 2.3.2　选取图片块

下面先看看如何选取鼠标所单击的图片块。根据前面的介绍，我们知道可以通过 pos 变量来获取鼠标单击处的坐标值，但是该坐标仅仅表示鼠标指针所指向的像素点坐标，而在同一个图片块内的不同位置单击鼠标，你会发现 pos 的值都不相同。如何通过 pos 的值来确定究竟单击的是哪个图片块呢？

由于各个图片块都是显示在窗口中某个方格内的，于是可以通过 pos 的值求得鼠标单击的图片块位于哪个方格，进而确定所要选取的图片块是哪一块。可以将 on_mouse_down() 函数修改为如下代码：

```
def on_mouse_down(pos):
    grid_x = pos[0] // SIZE
    grid_y = pos[1] // SIZE
```

在上面的代码中，定义了两个变量 grid_x 和 grid_y，分别表示图片块方格的水平索引值（即列号）和垂直索引值（即行号），然后用鼠标点的水平坐标（pos[0]）对图片块尺寸 SIZE 做“取整”运算，得到方格的水平索引值，并保存到 grid_x 中；用鼠标点的垂直坐标（pos[1]）对 SIZE“取整”运算，得到方格的垂直索引值，并保存到 grid_y 中。

接着循环遍历图片块列表 pics，看看哪个图片块所在方格的水平和垂直索引值与 grid_x 和 grid_y 的值相一致。为此在 on_mouse_down() 函数中加入如下代码：

```
for pic in pics:
    if pic.x // SIZE == grid_x and pic.y // SIZE == grid_y:
        thispic = pic
```

上面的代码定义了变量 thispic，用于保存满足要求的图片块，而该图片正是通过鼠标单击所选取的图片块。

### 2.3.3　判断图片块能否移动

选取图片块后并不能马上移动它的位置，因为移动图片块需要满足一个基本条件，即它的周围要有空白的方格，以便图片块能够放入其中。根据游戏规则，图片块可以朝水平或垂直方向移动，一次移动一个方格的距离。于是需要分别对上、下、左、右四个方向进行检查，看看图片块能否朝某个方向移动。下面以向上检查为例进行说明。

若要向上移动图片块，首先要保证该图片块所在的方格不能位于最上面一行，即 grid_y 的值要大于零。其次要看它上方紧邻的方格中是否存在图片块，若不存在则可以移动，否则不能移动。

对于某图片块所在的方格来说，其上方相邻方格的水平索引值也是 grid_x，垂直索引值则为 grid_y – 1。而为了判断上方的方格是否存在图片块，又需要遍历一次 pics 列表，逐一检查每个图片块所在方格的水平和垂直索引值是否分别与 grid_x 和 grid_y – 1 的值相等。若没有找到满足条件的图片块，说明上方的方格是个空白块，于是可以将当前图片块向上移动一格。

其他三个方向的检查过程也是类似的。

### 2.3.4 采用模块化编程方法

不难看出，我们的程序中出现了重复的操作，例如在选取鼠标所单击的图片块时，以及在判断图片块能否向上移动时，都涉及对 pics 列表的循环遍历操作，而且循环体中的代码逻辑也是完全一致的，仅仅是个别的数值不相同。目前仅仅针对向上的方向进行检查，如果再对其他三个方向进行检查，那么类似的代码还要重复编写三次。有没有办法来减少重复编写代码呢？办法当然是有的，可采用模块化的编程方法来解决这个问题。

---

**说明：**

所谓模块化编程方法，是指将程序的编写划分为多个模块进行，每个模块负责完成某一个特定的功能。这样做不仅能够提高程序的可读性，而且能够重复利用各个功能模块，从而有效地简化代码编写工作。对于具体的编程语言来说，模块化编程可以借助函数来实现，即把相同或类似的操作定义为函数，并为函数设置适当的参数来处理不同的数据。

---

对于我们的程序，可以定义一个函数 get_pic()，用来获取某个方格中的图片块。同时为其设置两个参数，分别表示方格的水平和垂直索引值。

接下来改写之前编写的代码，将列表的循环遍历操作加入 get_pic() 函数中，代码如下所示：

```
def get_pic(grid_x, grid_y):
```

```
    for pic in pics:
        if pic.x // SIZE == grid_x and pic.y // SIZE == grid_y:
            return pic
    return None
```

可以看到，get_pic() 函数会循环遍历 pics 列表，并返回满足条件的图片块。若所有图片块都不满足条件，则返回一个空白块（用 None 表示）。因此该函数不仅可用于获取鼠标单击的图片块，还可用来检查某个方格是否存在图片块。这就有效地避免了代码的重复编写。

### 2.3.5　改变图片块的位置

移动图片块的操作很简单，就是将图片块的位置移动一个方格的距离（即 SIZE 常量的值）。例如在向上的检查中，若发现上方是一个空白块，将当前图片块的纵坐标值减去 SIZE 即可。对 on_mouse_down() 函数进行如下修改：

```
def on_mouse_down(pos):
    grid_x = pos[0] // SIZE
    grid_y = pos[1] // SIZE
    thispic = get_pic(grid_x, grid_y)
    if thispic != None:
        if grid_y > 0 and get_pic(grid_x, grid_y - 1) == None:
            thispic.y -= SIZE
```

在上面的代码中，首先将鼠标单击处的坐标值转换为方格的水平和垂直索引值。然后以方格的索引值作为参数来调用 get_pic() 函数，并将返回的图片块保存在 thispic 变量中。倘若该变量值不为 None，表示鼠标单击的是一个图片块而不是空白块，便再次调用 get_pic() 函数来判断该图片块的上方是否为空白块。若是则说明该图片块可以朝上方移动，于是将图片块的 y 属性减去 SIZE 的值。

对于其他方向的操作也可以编写类似的代码。

### 2.3.6　减少程序的缩进层级

再仔细观察一下 on_mouse_down() 函数中的代码结构，可以看到代码的缩进层级比较多（最多处缩进了三级），从而会对代码的可读性造成一定影响。其实可以采用另一种写法来减少缩进的层级，即在条件语句中使用 return 关键字，例如以下代码所示：

```
    if thispic == None:
        return
```

上面的代码表示，如果 thispic 的值为 None，则立即返回。什么叫作立即返回呢？立即返回的意思就是说函数中只要执行了 return 语句，程序便会直接跳出该函数，那么函数中剩余的其他语句将不会被执行。对于我们的程序来说，如果发现鼠标单击的是空白块而不是图片块，就可以直接跳出 on_mouse_down() 函数，而无须继续执行后面的操作。

---

**提示：**

这样的编写方式并不影响程序的实际运行效果，但采用这种写法却可以减少一级缩进，从而让程序的结构更加简洁。

---

试着将之前的代码进行改写，并加入图片块朝其他方向移动的检查语句。修改后的 on_mouse_down() 函数如下所示：

```
def on_mouse_down(pos):
    grid_x = pos[0] // SIZE
    grid_y = pos[1] // SIZE
    thispic = get_pic(grid_x, grid_y)
    if thispic == None:
        return
    if grid_y > 0 and get_pic(grid_x, grid_y - 1) == None:
        thispic.y -= SIZE
        return
    if grid_y < 2 and get_pic(grid_x, grid_y + 1) == None:
        thispic.y += SIZE
        return
    if grid_x > 0 and get_pic(grid_x - 1, grid_y) == None:
        thispic.x -= SIZE
        return
    if grid_x < 2 and get_pic(grid_x + 1, grid_y) == None:
        thispic.x += SIZE
        return
```

可以看到，现在的代码最多只有两级缩进，代码的结构变得更加简单，可读性也相应地提高了。另外需要注意的是，程序在对各个方向进行检查并处理之后，都要调用 return 语句及时返回，以避免重复的移动操作（例如向上移动之后又立刻向下移回来）。

运行一下程序，看看是否可以用鼠标操作图片块移动了呢？

## 2.4 实现游戏结束

现在游戏是可以玩，但它不会完，即游戏无法结束，就算是玩家将图片块拼好后游戏也不会给出任何信息提示。这显然不能算是一个完整的游戏。对于玩家来说，玩游戏主要是获得乐趣，以及完成目标后的成就感，因此游戏要对玩家的操作及时做出反馈，明确告诉玩家是否达成了目标。

对于我们的拼图游戏来说，当玩家将图片块拼合成完整图像后，游戏要停止运行，并以文字或声音的形式告诉玩家完成了游戏。那么怎样知道玩家是否将拼图拼好了呢？下面编写程序进行检查。

### 2.4.1　检查拼图是否完成

若想知道拼图是否完成，需要知道各个图片块在拼图中的位置是否正确。对于某个图片块来说，怎样的位置才算正确呢？

回顾一下图 2.1，可以看到，若所有图片块按照图中的位置摆放，则形成了一副完整的图像。同时注意到，各图片块的文件名是从左上至右下，按照从 0 到 8 的顺序依次进行编号的。最初创建图片块角色时，正是按照这样的编号顺序将它们加入列表中的，并且还为每个图片块定义了 index 属性，专门用来记录其对应的编号值。

然而，当调用随机函数打乱列表次序后，各图片块的位置不再按照编号顺序进行排列了。游戏的目标实际上就是通过移动图片块，以将其摆放到正确的位置上来，即让所有图片块按照 0 至 8 的编号顺序，从左上至右下依次摆放在程序窗口各方格中，如图 2.4 所示。

| 0 | 1 | 2 |
|---|---|---|
| 3 | 4 | 5 |
| 6 | 7 | 8 |

图 2.4　图片块的正确编号顺序

那怎么知道每个图片块是否放置在正确的位置上呢？可以按照图 2.4 中的编号顺序，依次获取每个方格中的图片块，看看它的 index 属性所记录的编号值是否与图中的编号相一致。若所有图片块的编号值都与图中的编号一致，则说明拼图完成了。换句话说，只要有一块的编号值与图中不一致，则说明拼图没有完成。由于最后一个图片块并没有加入列表中，因此只需要对前 8 个图片块的编号进行判定。在 update() 函数中编写如下代码：

```
def update():
    for i in range(8):
        pic = get_pic(i % 3, i // 3)
        if(pic == None or pic.index != i):
            return
```

上述代码通过一个计数循环进行判定，循环变量 i 从 0 到 7 的不同取值，对应着图 2.4

中各方格的编号值。在每次循环中，对 i 取余得到方格的列号，取整得到方格的行号。然后以列号和行号作为参数来调用 get_pic() 函数，从而获取该方格中的图片块，并保存到 pic 变量中。接着进行判断：如果 pic 为空白块，或者 pic 的 index 属性值与 i 的值不相等，说明该方格中的图片块编号不正确，程序便调用 return 语句直接返回；如果所有图片块的编号都是正确的，说明拼图完成了，return 语句将不会被调用，程序会继续执行 for 循环之后的语句。于是便可以将游戏结束时需要执行的操作代码编写在 for 语句之后。

### 2.4.2 显示最后一张图片

游戏终于要完成了，耶！先别急着庆祝，仔细考虑一下游戏结束时还要做什么事情，以便让游戏显得更加完整。首先要播放一小段音乐来庆祝一下，同时还要在窗口中显示游戏完成的文字信息。对了，还有一件事差点忘记，就是拼图中还缺了一幅，游戏结束时要补上去。

先看看怎样将最后一块图片补充完整。为此还需要再定义一个图片块角色，并为其指定位置。代码如下所示：

```
lastpic =Actor("puzzle_pic8")
lastpic.left = 2 * SIZE
lastpic.top = 2 * SIZE
```

上述代码定义了变量 lastpic 来保存最后一个图片块。由于最后一块所在方格的行号和列号都是 2，于是分别用 2 乘以图片块尺寸 SIZE，并赋给它的 left 和 top 属性。接着可以调用 lastpic 角色的 draw() 方法将它显示出来。

需要注意的是，我们希望最后这张图片在游戏结束时才显示出来，而不是一开始就显示。怎样才能做到这一点呢？具体来说，要设法对游戏的状态进行标识，只有当游戏状态为结束时才显示最后的图片块。这可以借助布尔变量来实现。

---

**说明：**

在 Python 语言中，布尔变量是一种基本的数据类型，它有两个取值：True 和 False，分别对应两个不同的状态值。为了表示游戏中的某种状态，经常会在游戏编程中使用到布尔变量。

---

对于拼图游戏来说，可以定义一个布尔变量用来标识游戏是否结束，True 表示结束，False 表示没有结束。于是在程序的前面加上一行代码：

```
finished = False
```

这里的变量 finished 就是一个布尔变量，它的初值为 False，表示游戏尚未结束。接着对 update() 函数进行修改，代码如下（粗体部分表示新添加的部分）：

```
def update():
    global finished
    if finished:
        return
    for i in range(8):
        pic = get_pic(i % 3, i // 3)
        if(pic == None or pic.index != i):
            return
    finished = True
```

上述代码首先判断布尔变量 finished 的值，若其为 True，则说明游戏已经结束，于是调用 return 语句立即返回，余下的语句将不再执行；若 finished 的值不为 True，则继续执行后面的 for 循环来判定拼图是否完成，若完成将会执行最后一行代码，将 finished 的值设置为 True，表示游戏结束了。

---

**提示：**

finished 是程序中的全局变量，它是在函数之外定义的，若要在函数内部对它的值进行修改，需要使用 global 关键字进行声明。

---

最后在 draw() 函数中加入以下代码：

```
    if finished:
        lastpic.draw()
```

上述代码中，if 语句的条件用来判断 finished 的值是否为 True，若是则执行 lastpic 角色的 draw() 方法。

运行一下程序，你会发现最后一张图片并没有马上显示出来。你可以试着玩一下游戏，看看拼图完成时最后的图片块是否会显示。

### 2.4.3　播放声音效果

为了进一步完善游戏，可以考虑在游戏结束时播放一点声音效果，用来庆祝拼图完成，这会让玩家的游戏体验更加美好。那又如何让游戏播放声音呢？

---

**说明：**

准确来说，游戏中的声音分为两种类型，一种叫作音乐，另一种叫作音效。游戏音乐是一段比较长的声音，具有特定的旋律，通常作为背景音乐来烘托游戏的气氛；游戏音效则是比较短小的声音，往往伴随着角色的动作或特定的事件而播放，用来增强游戏的交互效果。

---

Pgzero 为游戏音乐和游戏音效分别提供了便捷的播放手段，而在拼图游戏中，只需要播放一小段游戏结束的音效就足够了。

首先准备好需要播放的音效文件。注意 Pgzero 只支持 wav 和 ogg 类型的音效文件，而且要将音效文件放入编辑器的 sounds 文件夹之中。可以单击 Mu 编辑器上方的“音效”按钮来打开 sounds 文件夹，然后将准备好的音效文件复制到该文件夹中。这里准备了一段充满胜利喜悦的音效，将其文件命名为 win.wav。

接着在 update() 函数的最后编写如下一行代码：

```
sounds.win.play()
```

看到了吧，就是如此简单！程序使用关键字 sounds，再加上音效文件名，就可以直接生成一个音效对象，然后调用该对象的 play() 方法来播放音效。是否再一次感受到 Pgzero 的便捷和强大呢?

现在重新运行一下游戏，再试着将拼图完成，看看游戏结束时能否听到声音效果呢？想必感觉很美妙吧！

### 2.4.4 显示文字信息

接下来再接再厉，完成最后一个小功能，就是显示游戏结束的文字信息。作为游戏提供给玩家的反馈，仅有声音是不够的，往往还得实现视觉层面的反馈，而文字信息便是最简单最直接的视觉反馈形式。

如同绘制基本的图形或图像，Pgzero 也提供了非常简便的方式，用来在程序窗口中绘制文字。这可以借助 screen.draw.text() 方法来实现。例如希望游戏结束时，在窗口中央显示一串红色的巨大字符“Finished!”，便可以在 draw() 函数中编写如下代码：

```
    if finished == True:
        lastpic.draw()
        screen.draw.text("Finished!", center=(WIDTH // 2, HEIGHT // 2),
                                      fontsize=50, color="red")
```

可以看到，在 screen.draw.text() 方法中，最先传入的参数是要显示的字符串，接下来的参数 center 表示文字中心点的坐标位置；fontsize 表示文字的大小；color 表示文字的颜色。

运行一下游戏，当拼图完成后你会看到如图 2.5 所示的游戏结束画面。

图 2.5　拼图游戏结束的画面

至此我们完成了全部的拼图游戏代码编写，接下来好好放松一下，尽情地玩自己编写的游戏吧！

## 2.5 回顾与总结

在本章中，我们学习了如何编写一个拼图游戏。首先讨论了如何自动地从多个图片文件来创建图片块角色，并通过列表统一管理。然后学习了如何使用随机函数打乱列表中的图片块次序，并为各个图片块设置坐标。接下来着重介绍了如何对鼠标单击事件进行处理，使得玩家可以操作鼠标来移动图片块。还详细讨论了移动图片块的具体条件及操作步骤。最后对游戏结束的判定方法进行了细致的描述，同时简要介绍了如何播放游戏音效，以及如何在游戏中显示文字信息。

本章涉及的 Pgzero 库的新特性总结如表 2.1 所示。

表 2.1　本章涉及的 Pgzero 库的新特性

| Pgzero 特性 | 作 用 描 述 |
| --- | --- |
| on_mouse_down(pos) | 处理鼠标单击事件，并通过 pos 参数来获取鼠标点的坐标 |
| sounds.win.play() | 播放指定的音效文件 |
| screen.draw.text( “Finished!” ) | 在程序窗口绘制指定的文字 |

下面给出拼图游戏的完整源程序代码。

```
# 拼图游戏源代码 puzzle.py
import random
SIZE = 96              # 图片块尺寸为 96
WIDTH = SIZE * 3       # 屏幕宽度
HEIGHT = SIZE * 3      # 屏幕高度
finished = False      # 游戏结束标记
pics = []              # 图片块列表
# 循环生成前 8 个图片块，并加入列表
for i in range(8):
    pic = Actor("puzzle_pic" + str(i))
    pic.index = i      # 图片块索引值
    pics.append(pic)
# 随机打乱列表中的图片块次序
random.shuffle(pics)
# 为列表中的图片设置初始位置
for i in range(8):
    pics[i].left = i % 3 * SIZE
    pics[i].top = i // 3 * SIZE
# 创建最后一个图片块
lastpic =Actor("puzzle_pic8")
lastpic.left = 2 * SIZE
lastpic.top = 2 * SIZE

# 更新游戏逻辑
def update():
    global finished
    if finished:
        return
    # 检查拼图是否完成
    for i in range(8):
        pic = get_pic(i % 3, i // 3)
        if(pic == None or pic.index != i):
            return
    finished = True
    sounds.win.play()   # 播放胜利的音效

# 绘制游戏角色
def draw():
    screen.fill((255, 255, 255))
    # 绘制前 8 个图片块
    for pic in pics:
        pic.draw()
    # 若游戏结束，绘制最后一块，并显示结束文字
    if finished == True:
        lastpic.draw()
        screen.draw.text("Finished!", center=(WIDTH // 2, HEIGHT // 2),
                         fontsize=50, color="red")
```

```
# 检测鼠标按下事件
def on_mouse_down(pos):
    if finished:
        return
    grid_x = pos[0] // SIZE
    grid_y = pos[1] // SIZE
    # 获取当前鼠标单击的图片块
    thispic = get_pic(grid_x, grid_y)
    if thispic == None:
        return
    # 判断图片块是否可以向上移动
    if grid_y > 0 and get_pic(grid_x, grid_y - 1) == None:
        thispic.y -= SIZE
        return
    # 判断图片块是否可以向下移动
    if grid_y < 2 and get_pic(grid_x, grid_y + 1) == None:
        thispic.y += SIZE
        return
    # 判断图片块是否可以向左移动
    if grid_x > 0 and get_pic(grid_x - 1, grid_y) == None:
        thispic.x -= SIZE
        return
    # 判断图片块是否可以向右移动
    if grid_x < 2 and get_pic(grid_x + 1, grid_y) == None:
        thispic.x += SIZE
        return

# 获取某个方格处的图片块，参数为方格的水平与垂直索引值
def get_pic(grid_x, grid_y):
    for pic in pics:
        if pic.x // SIZE == grid_x and pic.y // SIZE == grid_y:
            return pic
    return None
```

# 第3章
# 递归函数的威力：扫雷

在第2章中，我们制作了一个拼图游戏，玩家通过鼠标操作图片块移动。本章设计一款扫雷游戏，玩法是在一个方块阵列中随机埋设一定数量的地雷，然后由玩家逐个打开方块，并以排除所有地雷为最终游戏目标。如果玩家打开的方块中有地雷，则游戏失败。我们将继续使用鼠标作为游戏的交互手段，但是更进一步，让鼠标的左右键对应不同的操作：当单击鼠标右键时为方块插上旗子；当单击左键时将方块打开。此外，在扫雷游戏的编写中，将通过函数的递归调用来实现打开方块的操作，从而见识递归函数的巨大威力。

本章主要涉及如下知识点：

- 自动生成方块阵列
- 操作鼠标的左、右键
- 布尔变量的作用
- 递归函数的使用
- 判定游戏胜利和失败

## 3.1 创建方块阵列

### 3.1.1 准备图片资源

扫雷游戏中，场景中的各个方块会表现出不同的样子：当没有对其操作时，方块会显示没有打开的图像；当右键单击方块时，它会显示插上旗子的图像；当左键单击方块时，则会显示方块打开的图像。因此需要准备一些图片，分别来表示扫雷游戏中方块的不同形态。

我们为游戏准备了如图3.1所示的图片资源。其中包括：方块没有打开时的图片minesweep_block.png，方块插上旗子时的图片minesweep_flag.png，打开地雷时的图片minesweep_bomb.png，用于显示方块周围地雷数量的图片minesweep_number0.png至minesweep_number8.png。

图 3.1　扫雷游戏的图片资源

### 3.1.2　创建游戏场景

下面来创建游戏场景，首先确定场景的大小。可以定义三个常量 ROWS、COLS 和 SIZE，分别来表示方块阵列的行数、列数和方块尺寸。于是场景的宽度 WIDTH 就是方块尺寸与列数的乘积，而场景高度 HEIGHT 则是方块尺寸与行数的乘积。代码如下所示：

```
ROWS = 15
COLS = 15
SIZE = 25
WIDTH = SIZE * COLS
HEIGHT = SIZE * ROWS
```

由于扫雷游戏的场景主要是为了放置方块阵列，其背景本身不会显露出来，因此无须为场景指定一个特殊的背景颜色，程序会默认将窗口的背景设置为黑色。

### 3.1.3　生成方块阵列

接下来创建所有的方块角色，并通过列表统一进行管理。这样的操作是不是感觉很熟悉呢？没错，在拼图游戏中也是这样做的。

之前 ROWS 和 COLS 常量的值都设为 15，表明场景是由 15×15 个方块所形成的阵列，于是可以通过双重循环语句来自动创建方块角色。代码如下所示：

```
blocks = []
for i in range(ROWS):
    for j in range(COLS):
        block = Actor("minesweep_block")
        block.left = j * SIZE
        block.top = i * SIZE
        blocks.append(block)
```

上述代码首先创建了方块列表 blocks，然后使用双重循环逐行逐列地创建方块角色，接着设置每个方块的坐标，并将其加入列表中。由于所有方块在初始时都还没有打开，因此所有的方块角色都是通过 minesweep_block.png 图片文件来创建的。在双重循环语句中，变量 i 表示方块阵列的行号，j 表示列号，于是各方块的 left 属性值可由 j 与 SIZE 相乘得到，而 top 属性值可由 i 与 SIZE 相乘得到。还记得拼图游戏中的类似操作吗？我们为各个图片块设置坐标时也是这样做的。

为方块设置好坐标后便可以将它们显示出来，为此在 draw() 函数中编写如下代码：

```
def draw():
    for block in blocks:
        block.draw()
```

上述代码使用一个遍历循环，逐一地获取列表中的各个方块角色，并调用其 draw() 方法进行显示。效果如图 3.2 所示。

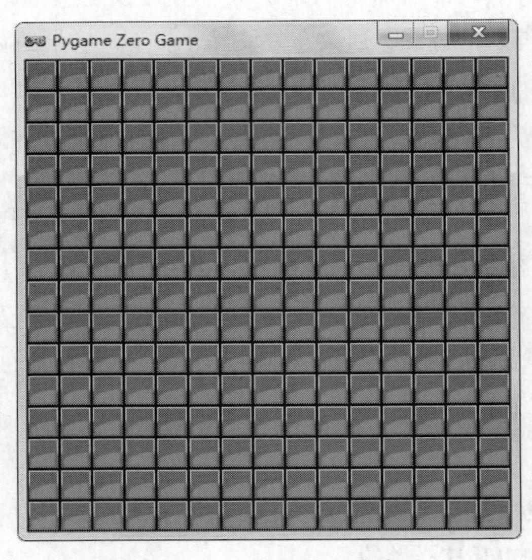


图 3.2　在窗中显示方块阵列

### 3.1.4　埋设地雷

现在已经创建了方块阵列，接下来要做的就是在方块之下埋设地雷。首先思考一下该如何表示方块是否埋设了地雷呢？仔细想想，对于某个方块来说，它要么埋了地雷，要么没有埋，只有这两种可能。实际上，是否埋设了地雷，这可以看作是方块角色的一种状态，其取值只有是或否两种可能。因此，可以借助布尔变量表示。

在拼图游戏中，曾使用布尔变量表示游戏是否结束的状态。类似地，这里可以为方块设置一个布尔变量，用来表示它的下面是否有地雷，若有则将布尔变量的值设为 True，若没有则设为 False。不过由于各个方块的状态不一定相同，可能有的埋有地雷，而有的没有埋，所以要分别为每个方块都设置一个布尔变量。于是在创建方块角色之后，马上给它添加一个名叫 isbomb 的属性，用来表示方块之下是否埋有地雷，并将其初值赋为 False。代码如下所示：

```
block.isbomb = False
```

如此一来，就能很方便地为方块埋设地雷。若是希望在某个方块下面埋地雷，只需要将该方块的 isbomb 属性设为 True 即可。例如要在场景中埋下 20 颗地雷，只需要使用循环语句从列表中获取 20 个方块，并分别将它们的 isbomb 属性设置为 True。代码如下所示：

```
BOMBS = 20
for i in range(BOMBS):
    blocks[i].isbomb = True
```

上面的代码中首先定义了一个常量 BOMBS，用来表示地雷的数量，并将其设置为 20。然后执行了一个计数循环语句，依次为列表的前 20 个方块埋设了地雷。

聪明的你或许会产生疑问：仅仅是将地雷埋在列表的前 20 个方块中，那地雷的位置不就是固定不变了吗？确实是这样的。因为我们为各个方块设置坐标时是按顺序依次进行的，列表的前 20 个方块就对应着窗口中第一行的 15 个方块，以及第二行的前 5 个方块。所以游戏每次运行时，地雷总是埋在这 20 个方块中。

如果是这样，那游戏还有何乐趣可言呢？根据扫雷游戏的规则，地雷应该是随机出现的才对，玩家事先并不知道地雷的位置，而且每次游戏时地雷的位置都会发生改变。不要着急，下面马上处理这个问题。其实解决这个问题非常容易，还记得在拼图游戏中是如何让图片块随机显示的吗？在那里我们仅仅用了一行代码便解决了问题，即调用随机函数来随机地打乱图片块在列表中的次序。在扫雷游戏中也可以采取类似的操作。在埋设地雷的 for 语句之前加入这样一句：

```
random.shuffle(blocks)
```

该语句调用 Python 提供的 random 库的 shuffle() 方法，随机地打乱了列表 blocks 中各个方块的次序。这意味着列表的前 20 个方块不再是固定顺序的，它们的位置可能分散在窗口的各个角落。于是程序再去调用埋设地雷的语句，为这 20 个方块来埋设地雷，便会将地雷埋藏在窗口的不同位置。而且游戏每次运行时调用 shuffle() 方法的结果都不一样，因此每次游戏的地雷位置也不会相同。

## 3.2 给方块插上旗子

下面来实现方块的操作。在扫雷游戏中，可以对方块执行两种操作：将它打开或给它插上旗子。由于方块的数量很多，可以考虑使用鼠标作为交互手段，因为鼠标指针可以快速准确地定位到目标方块，同时鼠标的左、右按键可以分别执行打开方块和插旗子的操作。

较之于打开方块的操作，为方块插旗子的操作相对而言简单一些，先挑软的柿子捏，实现插旗子的操作。

### 3.2.1 使用鼠标右键来操作

根据之前的设想，使用鼠标右键来执行插旗子的操作。如何让游戏响应鼠标的右键单击事件呢？我们已经知道，Pgzero 提供了 on_mouse_down() 函数来处理鼠标的单击事件。事实上，该函数不仅提供了获取坐标的参数 pos，还提供了一个参数 button，用来保存鼠标的按键信息。此外，Pgzero 还提供了一个内置对象 mouse，并在其中定义了一些常量值，用来表示不同的鼠标按键，例如 mouse.LEFT 表示鼠标左键，mouse.RIGHT 表示鼠标右键。于是可以使用表达式“button == mouse.RIGHT”来判断玩家是否单击了鼠标右键。

另外，在执行插旗子之前，还需要知道鼠标右键单击的是哪一个方块。对于方块而言，就是要判断鼠标单击处的坐标是否位于自身范围之内，这可以通过方块角色的 collidepoint() 方法来实现。collidepoint() 方法是 Pgzero 为 Actor 类定义的方法，该方法接受一对坐标值作为参数，用来判断该坐标是否位于角色范围之内。因此可以将鼠标单击处的坐标值传给该方法，进而判断某个方块是否被鼠标单击。

接下来定义一个遍历循环，依次对各个方块进行检查，并对符合条件的方块执行插旗子操作。具体来说，程序首先判断某个方块是否被鼠标单击，进而判断鼠标单击的是否为右键，若这两个条件都满足则给该方块插上旗子。为 on_mouse_down() 函数编写如下代码：

```
def on_mouse_down(pos, button):
    for block in blocks:
        if block.collidepoint(pos):
```

```
            if button == mouse.RIGHT:
                set_flag(block)
```

运行一下程序，试试能否执行插旗子操作？结果可能令你失望了，当你试着用鼠标右键单击某个方块时，旗子并没有出现，而是收到了编辑器的错误提示：名字 set_flag 没有定义。

那么 set_flag(block) 这一句的作用究竟是什么呢？看起来像是一个函数调用，可是我们并没有定义该函数啊。别着急，先来猜测一下它的作用。该函数的参数是 block，表示是对某个方块进行操作，而从名字来看，似乎意味着插旗子的操作。没错，该函数就是用来对方块执行插旗子操作的！还记得模块化的编程方法吗？可以将程序中的特定操作定义为函数，当需要执行操作的时候直接调用函数即可。这样做使得代码结构清晰，可读性好，也可以重复利用代码。

这里正是使用了模块化的编程方法，为插旗子操作定义了一个新的函数 set_flag()，并将方块角色作为参数传给该函数，以实现对某个指定方块的插旗子操作。下面看看如何实现该函数的功能。

### 3.2.2 定义函数执行插旗操作

在设计 set_flag() 函数的具体操作之前，为了保证程序能正常运行，不妨先这样编写代码：

```
def set_flag(block):
    pass
```

上述代码给出了 set_flag() 函数的定义，但是在函数体内只是执行一个 pass 语句。

---

**提示：**

其实这是编程的一个小技巧，就是在不确定函数内部细节的情况下，先保证函数形式的完整，使得程序能够正确执行。而 pass 关键字的作用就是占据位置，虽然什么都没有做，但是能够保证代码整体完整。

---

现在重新运行一下程序，虽然右键单击方块还是没有出现旗子，但是程序也不再报错了。

接下来是时候考虑 set_flag() 函数的具体动作了。先不要着急编写代码，首先来设计这个函数的操作流程，然后再去编程实现。这实际上也是程序设计的一般步骤，即先设计算法，再编写程序。

**说明：**

所谓算法，就是计算机完成某个操作的具体步骤和方法。设计算法通常可采用两种方式：一种称为流程图，另一种则叫作伪代码。前者是按照规定的符号对程序的执行流程进行刻画，优点是结构清晰、格式规范；后者则是通过非正式的，类似于自然语言的形式来描述程序的执行动作，好处是形式灵活，可以和程序语言的语法相结合。

下面试着用伪代码来描述 set_flag() 函数的具体操作。根据扫雷游戏规则，玩家用鼠标右键单击某个方块时，如果该方块上面没有插旗子，则可以给它插上旗子；若方块上已经插了旗子，则取消它的旗子。我们结合 Python 的语法规则来书写伪代码，那么插旗子操作的伪代码可以这样描述：

```
if 方块没有插上旗子:
    将方块的图像改为插上旗子的图像
    将方块标记为已插旗子
else:
    将方块的图像改为没有插旗子的图像
    将方块标记为未插旗子
```

在上面的伪代码中，if 语句以及缩进的格式都属于 Python 语法，而判断条件及具体操作则使用了自然语言来描述。可以看到伪代码的特点，它的形式介于程序语言与自然语言之间，也可以看作是两者的混合。通过伪代码的描述，我们清楚了插旗子操作的具体动作，那么接下来就要将伪代码“翻译”成计算机能够理解的程序代码。

由于此前已经准备好了所有的图片资源，所以改换方块的图像很简单，只需要将方块角色的 image 属性设置为插上旗子的图片即可。然而如何来判断方块是否插了旗子呢？事实上，是否插旗子可看作是方块的某种状态，就如同方块是否埋地雷一样，同样可借助布尔变量进行标识。在创建方块角色的时候，可以为每个方块定义一个 isflag 属性，用来表示方块是否插了旗子，初值设为 False, 表示初始时方块没有插旗子。当玩家执行插旗子操作后，再将方块的 isflag 属性设为 True，表示方块已经插了旗子。

在创建方块的语句后面加入这样一行代码：

```
block.isflag = False
```

然后在 set_flag() 函数中加入如下代码：

```
def set_flag(block):
    if not block.isflag:
        block.image = "minesweep_flag"
        block.isflag = True
    else:
```

```
        block.image = "minesweep_block"
        block.isflag = False
```

现在运行一下游戏，试着用鼠标右键单击某个方块，看看能否给它插上旗子呢？游戏的运行画面如图 3.3 所示。

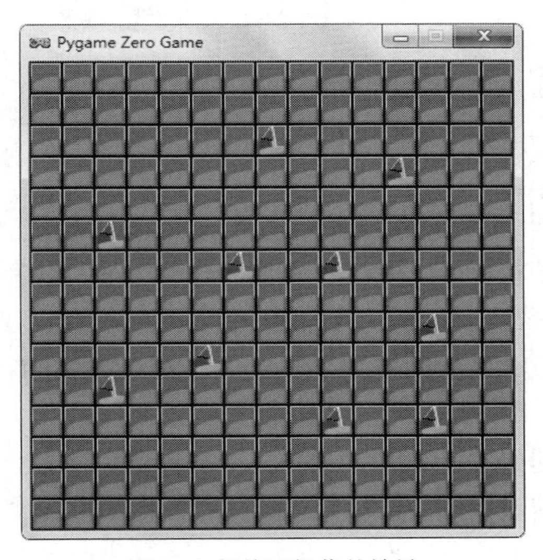


图 3.3　插旗子操作的效果

## 3.3 打开方块

处理完鼠标右键的操作，接下来处理鼠标左键的操作。根据游戏规则，当玩家在方块上单击鼠标左键时，将执行打开方块的操作，而打开方块时还需要对可能引爆地雷的情形进行判断和处理。为此我们需要完善鼠标事件的处理流程。

### 3.3.1 完善鼠标事件处理

检测鼠标左键的单击事件很简单，类似于检测鼠标右键，可以通过表达式“button == mouse.LEFT”来判断鼠标的左键是否被单击。只不过加入左键单击操作后，方块又增加了一个新的状态，即是否被打开。与标识方块是否埋地雷以及是否插旗子类似，还要再为方块定义一个布尔变量，用来标识它是否被打开。具体来说，在创建方块角色的时候为其设置一个 isopen 属性，初值设为 False，表示初始时方块没有打开。当执行方块打开操作时将该属性设为 True，表示方块打开了。于是可以在创建方块的语句后面加入这样一行代码：

```
    block.isopen = False
```

接着修改 on_mouse_down() 函数，加入处理鼠标左键的单击事件操作。代码如下所示（粗体部分表示新添加的代码）：

```
def on_mouse_down(pos, button):
    for block in blocks:
        if block.collidepoint(pos) and not block.isopen:
            if button == mouse.RIGHT:
                set_flag(block)
            elif button == mouse.LEFT and not block.isflag:
                if block.isbomb:
                    blow_up()
                else:
                    open_block(block)
```

上述代码有两处需要注意：一处是鼠标单击操作的条件，除了判断方格是否被单击，还要判断方格是否已经打开了，因为无论是左键还是右键的操作，都只能针对没有打开的方块来执行；另一处是打开方块的条件，除了判断是否单击了鼠标左键，还要判断方块是否插上了旗子，也就是说鼠标左键只能打开没插旗子的方块。

可以看到，打开方块的操作代码又是由另一个 if 语句构成的，而判断条件则是方块埋设地雷与否。若打开的方块之下有地雷，则执行 blow_up() 函数，否则执行 open_block() 函数。按照模块化的编程方法，我们预先定义了 blow_up() 函数和 open_block() 函数，前者执行地雷爆炸的动作，后者逐一地将方块打开。先将这两个函数简单地定义如下：

```
def blow_up():
    pass
def open_block(bk):
    pass
```

可以看到，目前这两个函数只是建立了一个形式，并没有具体内容。下面便考虑如何编写具体的操作代码，首先来实现 open_block() 函数。

### 3.3.2 获取周围的方格

根据上面的介绍，我们已经知道 open_block() 函数是用来打开方块的，但是怎样表示方块被打开了呢？其实从图 2.1 可以看到，我们事先准备了多张图片来表示打开的方块，即 minesweep_number0.png 至 minesweep_number8.png 文件名所对应的图片。你会发现，除了 minesweep_number0.png 图片之外，其他 8 张图片分别显示了 1 至 8 的数字，这表示什么意思呢？

事实上，按照扫雷游戏的规则，如果打开的方块没有埋地雷，则要将它周围各方块的地雷总数显示出来。而资源图片中的数字正是用于表示不同的地雷数量。需要明确一点，所谓方块的周围，不仅是指上下左右相邻的四个方块，还包含斜向相邻的四个方块，因此总共是 8 个方块，如图 3.4 所示。当方块被打开时，若它的周围没有地雷，则显示 minesweep_number0.png 图片，否则根据其周围的地雷数量来显示相应的数字图片。

图 3.4　方块周围示意图

看来问题的关键在于，首先要弄清楚某方格周围相邻的是哪些其他方格，这样才便于执行进一步的判断。为此，不妨再专门定义一个 get_neighbours() 函数，用来获取指定方块周围的其他方块，并以列表的形式将它们返回。因为地雷仅埋藏在未曾打开的方块中，所以实际上只需获取没有打开的方块即可。代码如下所示：

```
def get_neighbours(bk):
    nblocks = []
    for block in blocks:
        if block.isopen:
           continue
        if block.x == bk.x - SIZE and block.y == bk.y \
          or block.x == bk.x + SIZE and block.y == bk.y \
          or block.x == bk.x and block.y == bk.y - SIZE \
          or block.x == bk.x and block.y == bk.y + SIZE \
          or block.x == bk.x - SIZE and block.y == bk.y - SIZE \
          or block.x == bk.x + SIZE and block.y == bk.y - SIZE \
          or block.x == bk.x - SIZE and block.y == bk.y + SIZE \
          or block.x == bk.x + SIZE and block.y == bk.y + SIZE :
            nblocks.append(block)
    return nblocks
```

可以看到，get_neighbours() 函数传入一个参数 bk，表示某个指定的方块。然后在函数体内执行 for 循环，来遍历列表 blocks 中的各个方块。对于某个方块 block，若它已经打开了，程序便执行 continue 语句跳过本次循环；否则，程序将分别从 8 个不同的方向来检查 block 与指定方块 bk 的位置关系。由于相邻方块的坐标仅仅相差 SIZE 值所代表的距离，所以程序用 bk 的横坐标或纵坐标对 SIZE 进行简单的加减运算，就可以确定它在某个方向上相邻的其他方块。

上述代码中 if 语句的条件很长，因此使用反斜杠“\”将其分为几行来显示，其中的 8 个关系表达式通过逻辑运算符 or 相连，表示只要列表 blocks 中的某个方块符合 8 个条件之一，则可判定它和指定的方块 bk 相邻。对于满足条件的方块，程序将其加入另一个列表 nblocks，并在函数的末尾调用 return 语句将 nblocks 作为返回值提交。

### 3.3.3 统计地雷数量

现在回过头来看看，怎样才能知道方块周围有多少地雷呢？由于已经有了 get_neighbours() 函数，这个问题便迎刃而解了。对于某个方块来说，可以首先调用 get_neighbours() 函数来获取它周围的所有其他方块，然后逐一检查这些方块是否埋了地雷，同时统计一下地雷的总数。与之前类似，再单独定义一个函数 get_bomb_number()，用来获取指定方格周围的地雷数量。代码如下所示：

```
def get_bomb_number(bk):
    num = 0
    for block in get_neighbours(bk):
        if block.isbomb:
            num += 1
    return num
```

上面的 get_bomb_number() 函数传入一个参数 bk，表示某个指定的方块。然后以 bk 作为参数去调用 get_neighbours() 函数，来获取 bk 相邻方块的列表，同时执行 for 语句遍历该列表。对于与 bk 相邻的每个方块，检查它的 isbomb 属性是否为 True，若是则将 num 变量的值加 1。num 变量的作用正是统计地雷的总数，它的值将在函数的末尾通过 return 语句返回。

万事俱备，是时候实现 open_block() 函数了。

### 3.3.4 递归调用打开方块函数

经过之前的讨论我们已经知道，open_block() 函数的作用是将没有埋设地雷的方块打开，同时显示方块周围的地雷数量。之所以要显示地雷数量，是为了给玩家提供游戏的线索，以便于判断哪些方块之下可能有地雷。倘若打开的方块周围没有地雷，则说明与它相邻的其他 8 个方块都可以安全打开。为了简化游戏操作，避免让玩家自己逐一地去打开没有地雷的方块，游戏规则设计为让程序自动打开没有地雷的方块。具体来说，若是 open_block() 函数打开的方块周围没有地雷，还要进一步将其相邻的方块都打开，并反复地执行上述操作。这究竟是一种怎样的操作？岂不是意味着要在 open_block() 函数的内部反复地调用自身吗？没错，这就叫作函数的递归调用。

---

**说明：**

在程序设计中，递归是一种常见而有效的编程手段，它利用计算机的强大运算能力自动地完成对复杂问题的求解。通常来说，将需要反复执行的操作定义为递归函数，然后在递归函数的内部反复调用它自己。然而要注意，使用递归函数要满足两个基本条件：首先，下一步的递归调用要以上一步的执行为基础；其次，递归要具备终止条件。

---

下面按照递归函数的设计思路来实现 open_block() 函数。对于功能比较复杂的函数，可以首先写出它的伪代码。open_block() 函数的伪代码如下所示：

```
def open_block(bk):
    将方块bk标记为已经打开
    显示方块bk周围的地雷数
    if 方块bk周围有地雷:
        return
    for 与bk相邻的每一个方块block:
        如果block没有打开:
            open_block(block)
```

由于之前已经定义好了获取地雷的函数 get_bomb_number()，以及获取相邻方块的函数 get_neighbours()，因此可以很容易地将上述伪代码转换为 Python 程序代码。为 open_block() 函数编写如下代码：

```
def open_block(bk):
    bk.isopen = True
    bombnum = get_bomb_number(bk)
    bk.image = "minesweep_number" + str(bombnum)
    if bombnum != 0:
        return
    for block in get_neighbours(bk):
        if not block.isopen :
            open_block(block)
```

上述代码首先将 bk 的 isopen 属性设为 True，然后调用 get_bomb_number() 函数获取 bk 周围的地雷数，并保存在变量 bombnum 中。同时将 bombnum 的值与字符串 minesweep_number 连接起来，形成地雷数字对应的图片文件名，并将其赋给 bk 的 image 属性来显示地雷数。接着对 bombnum 的值进行判断：若其不为 0，说明 bk 周围埋有地雷，程序调用 return 语句立即返回；否则调用 get_neighbours() 函数获取 bk 相邻的其他方块，并对没有打开的方块递归地调用 open_block() 函数自身。

可以看到 open_block() 函数满足递归的两个条件：首先，在执行下一步的递归调用之前（即打开其他方块之前），执行了对当前方块的操作，例如标记方块的打开状态，以及获取方块相邻的其他方块；其次，递归具备了终止条件，即判定方块周围有地雷则返回。

运行一下游戏，试着用鼠标左键单击窗口中的方块，你会发现有时只点了一个方块，结果却自动打开了一大片，效果如图 3.5 所示。是不是很神奇呢？这就是递归函数的巨大威力！

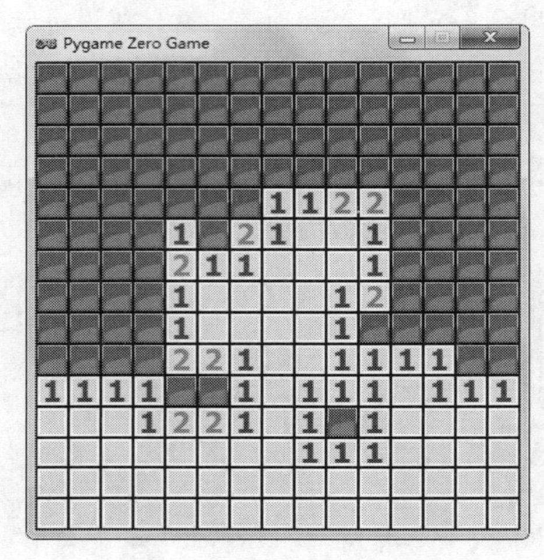


图 3.5　打开方块的效果

## 3.4 判定游戏胜负

到目前为止，游戏的主要规则已经实现了，但还存在一个明显的问题，就是当用鼠标左键单击某些方块时，它们不会做出任何反应。想想这是怎么回事呢？相信你已经知道，这些方块肯定是埋设了地雷，所以单击时无法将其打开。根据之前设计的鼠标事件处理流程，若玩家用鼠标左键单击的是埋有地雷的方块，则要执行 blow_up() 函数来执行地雷爆炸的动作，而目前我们还没有实现该函数的具体操作。

根据游戏规则，当玩家单击了埋设地雷的方块，游戏便会结束。事实上，扫雷游戏的结束具体分为两种情况：一种情况是玩家单击了地雷方块而结束，这意味着游戏失败；另一种情况是玩家将所有没有地雷的方块都打开了，这可看作是游戏胜利。因此，我们需要对游戏失败和胜利的不同情况分别进行处理。

### 3.4.1 游戏失败的处理

下面来处理游戏失败的情况，即玩家用鼠标左键单击地雷方块的情况。根据游戏规则，如果玩家单击了地雷方块，游戏会播放爆炸的音效，并将所有的地雷都显示出来。同时游戏停止运行，游戏窗口中央会显示游戏失败的文字提示。

首先定义一个全局的布尔变量 failed，用来表示游戏失败的状态，然后将游戏结束时的操作统一放到 blow_up() 函数中执行。为 blow_up() 函数编写如下代码：

```
def blow_up():
    global failed
    failed = True
    sounds.bomb.play()
    for i in range(BOMBS):
        blocks[i].image = "minesweep_bomb"
```

该函数首先将全局变量 failed 的值设为 True，表示游戏当前的状态为失败状态。然后播放地雷爆炸的声音文件 bomb.wav（注意事先要将该文件放置在 sounds 文件夹下）。接下来执行 for 循环语句，根据 BOMBS 常量保存的地雷总数（这里是 20），将列表中前 20 个埋了地雷的方块图像设置为 minesweep_bomb 文件所表示的地雷爆炸的图像。

最后，在 draw() 函数中加入一点代码，用来显示游戏失败时的提示文字，如下所示：

```
if failed:
    screen.draw.text("Failed", center=(WIDTH // 2, HEIGHT // 2),
                     fontsize=100, color="red")
```

再次运行游戏，试着去单击一个地雷方块，看看游戏会不会出现如图 3.6 所示的画面。

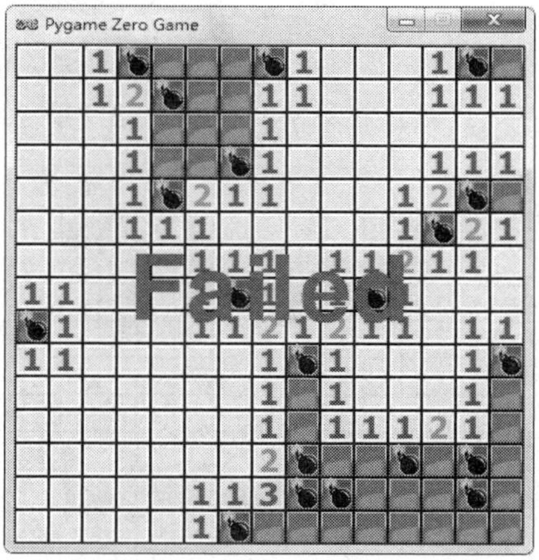

图 3.6　游戏失败的画面

### 3.4.2　游戏胜利的处理

最后处理游戏胜利的情况。根据游戏规则，若玩家将所有没有地雷的方块都打开，则表明游戏胜利。此时游戏会播放一段获胜的音效，同时窗口中央会显示游戏胜利的文字提示。

与游戏失败的处理类似，定义一个全局的布尔变量 finished，用来表示游戏胜利的状态。然后在 update() 函数中对游戏胜利进行判定和处理。为 update() 函数编写如下代码：

```
def update():
    global finished
    if finished or failed:
        return
    for block in blocks:
        if not block.isbomb and not block.isopen:
            return
    finished = True
    sounds.win.play()
```

上述代码首先判断目前游戏是否结束，若 finished 或 failed 两者之一的值为 True，表示游戏已经结束，于是立即返回；否则继续执行后面的 for 语句，即遍历列表 blocks 中的所有方块：若某个方块的 isbomb 属性为 False，同时它的 isopen 属性也为 False，则调用 return 语句返回。而只有当 for 语句执行完毕，即所有没有地雷的方块都打开了，才会执行最后的两行代码：将全局变量 finished 设置为 True，表示游戏当前的状态为胜利状态，同时播放游戏胜利的音效文件 win.wav。

最后修改 draw() 函数，加入如下代码来显示游戏胜利的文字提示：

```
    if finished:
        screen.draw.text("Finished", center=(WIDTH // 2, HEIGHT // 2),
                         fontsize=100, color="red")
```

再次运行游戏并试着玩一玩，看看能不能见到如图 3.7 所示的游戏胜利画面。

图 3.7　游戏胜利的画面

至此，扫雷游戏终于大功告成啦！我们又完成了一款游戏的设计和编写，好好地庆祝一下吧！

## 3.5 回顾与总结

在本章中，我们学习了如何编写扫雷游戏。首先创建了方块阵列，并统一将它们添加到列表中。然后对鼠标的右键和左键单击事件分别进行了处理：若玩家单击了鼠标右键，则执行插旗子的操作；若单击左键则执行打开方块的操作。我们着重讨论了打开方块的操作，并介绍了如何使用递归函数实现自动打开方块。最后对游戏结束的状态进行了判定，并针对游戏失败和胜利的两种情况分别进行了处理。

本章涉及的 Pgzero 库的新特性总结如表 3.1 所示。

表 3.1　本章涉及的 Pgzero 库的新特性

| Pgzero 特性 | 作 用 描 述 |
| --- | --- |
| on_mouse_down(pos, button) | 处理鼠标单击事件，pos 参数用来获取鼠标点的坐标，button 参数用来获取鼠标的按键信息 |
| mouse.RIGHT | 鼠标右键的常量值 |
| mouse.LEFT | 鼠标左键的常量值 |
| collidepoint(pos) | 判断坐标 pos 是否位于角色范围之内，若是返回 True，否则返回 False |

下面给出扫雷游戏的完整源程序代码。

```
# 扫雷游戏源代码minesweep.py
import random
BOMBS = 20                  # 炸弹数量
ROWS = 15                   # 方块行数
COLS = 15                   # 方块列数
SIZE = 25                   # 方块尺寸
WIDTH = SIZE * COLS         # 屏幕宽度
HEIGHT = SIZE * ROWS        # 屏幕高度
failed = False              # 游戏失败标记
finished = False            # 游戏完成标记
blocks = []                 # 方块列表
# 将所有方块添加到场景中
for i in range(ROWS):
    for j in range(COLS):
        block = Actor("minesweep_block")
        block.left = j * SIZE               # 设置方块的水平位置
        block.top = i * SIZE                # 设置方块的垂直位置
        block.isbomb = False                # 标记方块是否埋设地雷
        block.isopen = False                # 标记方块是否被打开
        block.isflag = False                # 标记方块是否插上棋子
        blocks.append(block)
```

```
# 随机打乱方块列表的次序
random.shuffle(blocks)
# 埋设地雷
for i in range(BOMBS):
    blocks[i].isbomb = True

# 更新游戏逻辑
def update():
    global finished
    if finished or failed:
        return
    # 检查是否所有没埋地雷的方块都被打开
    for block in blocks:
        if not block.isbomb and not block.isopen:
            return
    finished = True
    sounds.win.play()

# 绘制游戏图像
def draw():
    for block in blocks:
        block.draw()
    if finished:
        screen.draw.text("Finished", center=(WIDTH // 2, HEIGHT // 2),
                         fontsize=100, color="red")
    elif failed:
        screen.draw.text("Failed", center=(WIDTH // 2, HEIGHT // 2),
                         fontsize=100, color="red")

# 处理鼠标单击事件
def on_mouse_down(pos, button):
    if failed or finished:
        return
    for block in blocks:
        # 若方块被鼠标单击，且该方块未曾打开
        if block.collidepoint(pos) and not block.isopen:
            # 若鼠标右键单击方块
            if button == mouse.RIGHT:
                set_flag(block)
            # 若鼠标左键单击方块，且方块没有插上棋子
            elif button == mouse.LEFT and not block.isflag:
                if block.isbomb:
                    blow_up()
                else:
                    open_block(block)

# 为方块插上棋子
def set_flag(block):
    if not block.isflag:
        block.image = "minesweep_flag"
```

```
        block.isflag = True
    else:
        block.image = "minesweep_block"
        block.isflag = False

# 地雷爆炸后显示所有地雷
def blow_up():
    global failed
    failed = True
    sounds.bomb.play()
    for i in range(BOMBS):
        blocks[i].image = "minesweep_bomb"

# 打开方块
def open_block(bk):
    bk.isopen = True
    bombnum = get_bomb_number(bk)
    bk.image = "minesweep_number" + str(bombnum)
    if bombnum != 0:
        return
    # 若方块周围没有地雷，则递归地打开周围的方块
    for block in get_neighbours(bk):
        if not block.isopen :
            open_block(block)

# 获取某方块周围的地雷数量
def get_bomb_number(bk):
    num = 0
    for block in get_neighbours(bk):
        if block.isbomb:
            num += 1
    return num

# 获取某方块周围的所有方块
def get_neighbours(bk):
    nblocks = []
    for block in blocks:
        if block.isopen:
            continue
        if block.x == bk.x - SIZE and block.y == bk.y \
          or block.x == bk.x + SIZE and block.y == bk.y \
          or block.x == bk.x and block.y == bk.y - SIZE \
          or block.x == bk.x and block.y == bk.y + SIZE \
          or block.x == bk.x - SIZE and block.y == bk.y - SIZE \
          or block.x == bk.x + SIZE and block.y == bk.y - SIZE \
          or block.x == bk.x - SIZE and block.y == bk.y + SIZE \
          or block.x == bk.x + SIZE and block.y == bk.y + SIZE :
            nblocks.append(block)
    return nblocks
```

# 第4章
# 用键盘控制游戏：贪食蛇

在前两章中，我们使用鼠标操作的方式完成了拼图和扫雷游戏，本章介绍另一种常用的游戏交互手段，即使用键盘来控制游戏。在本章中，我们将一起编写经典的贪食蛇游戏，并通过键盘的上、下、左、右按键来分别控制贪食蛇向四个方向移动。我们还将学习游戏的角色之间如何发生交互，例如贪食蛇吃到食物后身体会变长，便可看作是贪食蛇和食物这两种角色的交互行为。相信学完本章后，你的游戏编程技能又将得到大幅提升。

本章主要涉及如下知识点：

- 处理键盘的按键事件
- 控制角色的方向
- 旋转角色的图像
- 字典数据类型的应用
- 使用延迟变量

## 4.1 创建场景和角色

### 4.1.1 创建游戏场景

根据前面的学习，相信大家已经熟悉编写游戏的基本过程，即首先创建一个游戏场景，然后在场景中创建多个游戏角色。下面首先来创建贪食蛇游戏的场景。

为了确定游戏场景的大小，需要将场景的宽度和高度值分别赋给常量 WIDTH 和 HEIGHT。在贪食蛇游戏中，我们将场景的尺寸设定为贪食蛇图像大小的整数倍，代码如下所示：

```
SIZE = 15
WIDTH = SIZE * 30
HEIGHT = SIZE * 30
```

代码中定义了常量 SIZE 来表示贪食蛇的大小，由于贪食蛇的图像尺寸为 15 × 15，所以将 SIZE 的值设为 15。然后将 WIDTH 和 HEIGHT 的值都设为 SIZE 的 30 倍，则整个游戏场景的尺寸为 450 × 450。

接着为场景设置背景颜色，并将其显示出来。由于贪食蛇游戏本身很简单，并没有什么华丽的图像效果，因此不妨直接将背景设置为白色。在 draw() 函数中编写如下代码：

```
def draw():
screen.fill((255, 255, 255))
```

运行游戏可以看到一个白色的窗口，这便是我们的游戏场景。接下来主角要登场了。

### 4.1.2　创建贪食蛇

玩过贪食蛇游戏的朋友可能知道，作为游戏主角的贪食蛇是一条很奇怪“蛇”，蛇头能够在移动中改变方向，而它的身体则跟随着蛇头的方向进行移动。实际上，整个贪食蛇中最核心的部分是蛇头，玩家所能控制的也正是蛇头。因此可以先设法实现蛇头的操作，然后考虑添加蛇的身体。

---

**提示：**

这其实也是游戏编程的一种基本方法，即将复杂的功能分解为较小的部分，首先实现最基础和最重要的部分，然后再逐步扩展和完善。

---

我们事先准备了一个图片文件 snake_head.png，用来表示蛇头，然后编写如下代码来创建蛇头角色：

```
snake_head = Actor("snake_head", (30 ,
30))
```

代码中定义了变量 snake_head 来表示蛇头角色，并将它的初始坐标设置为（30，30）。接着在 draw() 函数中加入一行代码，以便将蛇头显示出来。代码如下：

```
snake_head.draw()
```

运行一下，可以看到游戏窗口中显示了一个贪食蛇的蛇头图像，效果如图 4.1 所示。

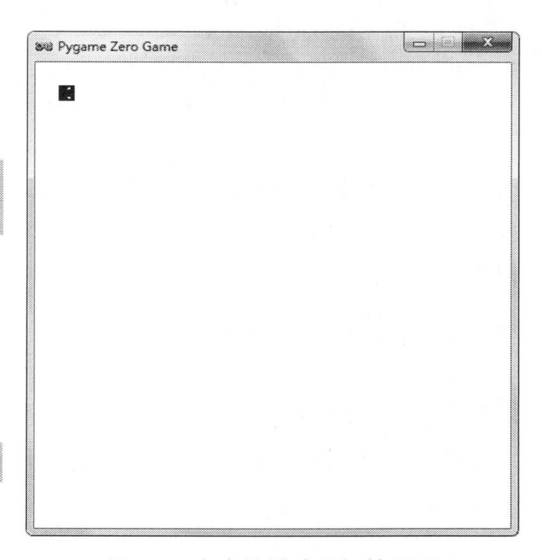


图 4.1　贪食蛇游戏的初始画面

## 4.2 移动蛇头

接下来设法让贪食蛇的蛇头移动起来。按照游戏规则，玩家要控制贪食蛇向上、下、左、右四个不同的方向移动。我们已经学会了如何使用鼠标控制游戏角色，鼠标控制的优势在于能够快速准确地选定目标角色，但由于鼠标总共只有三个按键，因而所能传达的控制命令十分有限。这时可以考虑使用另一种常见的游戏交互设备——键盘。

### 4.2.1 处理键盘按键事件

Pgzero 提供了一个专门的函数 on_key_down()，用于处理键盘的按键事件。该函数定义了一个叫作 key 的参数，用来保存玩家所按下的键盘信息。此外，Pgzero 还提供了一个内置对象 keys，并在其中定义了一些常量值，用来表示不同的键盘按键，例如 keys.LEFT 表示键盘的左方向键，keys.RIGHT 表示键盘的右方向键，keys.UP 表示键盘的上方向键，keys.DOWN 表示键盘的下方向键。于是可以使用表达式“ key == keys.LEFT”来判断玩家是否按下了键盘的左方向键，而对于其他方向键的判断也是类似的。在 on_key_down() 函数中编写如下代码：

```
def on_key_down(key):
    if key == keys.LEFT:
        snake_head.x -= SIZE
    elif key == keys.RIGHT:
        snake_head.x += SIZE
    elif key == keys.UP:
        snake_head.y -= SIZE
    elif key == keys.DOWN:
        snake_head.y += SIZE
```

上面的代码分别对键盘的上、下、左、右四个方向键进行了检查，若玩家按下了某个方向键，则将蛇头的坐标做出相应的调整。具体来说，若按的是左键，则减少蛇头的横坐标；若按的是右键，则增加蛇头的横坐标；若按的是上键，则减少蛇头的纵坐标；若按的是下键，则增加蛇头的纵坐标。可以看到，无论是减少还是增加坐标，每次改变的距离都是 SIZE 常量的值。为何要这样设置呢？自己先思考一下，后面再具体解释。

运行一下游戏，试着按下键盘的方向键来移动贪食蛇。你会发现按下方向键时确实可以移动蛇头，然而松开按键后蛇头却静止不动了。根据游戏规则，贪食蛇是一直处于移动之中的，即使玩家松开按键它也不能停下来，而是朝着当前的方向继续移动。那又该如何实现呢？

### 4.2.2　让蛇头持续移动

之所以贪食蛇会停下来，是因为我们仅仅在 on_key_down() 函数中改变了蛇头的坐标，也就是说，只有当键盘按键事件发生了，蛇头才会移动。而松开按键时，相应的按键事件就结束了，on_key_down() 函数中的代码将不再执行，因此蛇头便停了下来。

若要让蛇头持续不断地移动，便要不断地改变蛇头的坐标，而由于程序会不断地调用 update() 函数来更新游戏逻辑，因此可以将改变蛇头坐标的代码写在 update() 函数中。

那么 on_key_down() 函数中又该执行什么操作呢？根据前面的分析可以知道，当玩家按下某个方向键时，所要做的只是改变蛇头的移动方向，而 update() 函数会根据蛇头当前的方向来修改它移动的坐标。此为可以在程序的开头定义一个全局变量 direction，用来表示蛇头的移动方向，代码如下：

```
direction = "east"
```

分别用字符串 north、south、west 和 east 来表示贪食蛇的上、下、左、右四个移动方向，并将 direction 的默认值设为 east，表示初始时蛇头向右移动。

接着为 update() 函数编写如下代码：

```
def update():
    if direction == "east":
        snake_head.x += SIZE
    elif direction == "west":
        snake_head.x -= SIZE
    elif direction == "north":
        snake_head.y -= SIZE
    elif direction == "south":
        snake_head.y += SIZE
```

上述代码分别对 direction 的四个方向值进行判断，并相应地修改蛇头的横坐标或纵坐标。

最后对 on_key_down() 函数进行修改，代码如下所示：

```
def on_key_down(key):
    global direction
    if key == keys.LEFT and direction != "east":
        direction = "west"
    elif key == keys.RIGHT and direction != "west":
        direction = "east"
    elif key == keys.UP and direction != "south":
        direction = "north"
    elif key == keys.DOWN and direction != "north":
        direction = "south"
```

上述代码分别对 key 的四个按键值进行判断，并相应地修改蛇头的移动方向。需要注意的是，在改变移动方向前除了判断键盘的按键，还要判断目标方向是否与当前方向是相反的方向，若是则不能改变方向。这样做是为了防止贪食蛇移动时直接掉头朝相反的方向移动，而这是游戏规则所不允许的。

现在运行一下游戏，看看蛇头的移动方式是不是跟游戏规则描述的一致了呢？

### 4.2.3 另一种键盘控制方式

我们已经实现了蛇头的移动控制，做法就是通过 update() 函数让蛇头持续移动，而通过 on_key_down() 函数改变蛇头的移动方向。那是否可以将蛇头的移动及控制代码统一放到 update() 函数中呢？答案是肯定的。

事实上，除了使用 on_key_down() 函数来检测键盘的按键事件，Pgzero 还提供了一个更为便捷的方法。Pgzero 中有一个叫作 keyboard 的对象，它为键盘的每一个按键都定义了一个布尔类型的属性，用来表示该按键是否被按下。例如 keyboard.left 用来表示键盘的左方向键是否被按下，若其值为 True，表示左键被按下了；若其值为 False，则表示左键没有被按下。类似地，keyboard.right、keyboard.up 和 keyboard.down 属性分别表示键盘的右键、上键和下键的按键状态。

这样一来，便无须借助 on_key_down() 函数来处理按键事件，可以直接在 update() 函数中对 keyboard 的属性值进行判断，进而执行相应的操作。于是去掉 on_key_down() 函数，并在 update() 函数中添加如下代码：

```
if keyboard.right and direction != "west":
    direction = "east"
elif keyboard.left and direction != "east":
    direction = "west"
elif keyboard.up and direction != "south":
    direction = "north"
elif keyboard.down and direction != "north":
    direction = "south"
```

可以看到，加入上述代码后 update() 函数变得很长了。为了便于阅读和维护，考虑对代码进行一下重构。

---

**说明：**

所谓重构，就是在程序编写过程中，随着代码量的增多，需要适时地对代码结构进行调整。例如将一段很长的代码划分为若干个小模块，让每一块完成一个特定的功能，并为每一块定义一个函数；或者将某些重复编写的代码抽取出来，统一定义为函数，则每当需要执行这些代码的时候，直接调用定义好的函数即可。可以看到，代码重构充分地运用了模块化的编程方法，让程序的结构变得更清晰，让代码的编写变得更高效。

---

于是按照程序所完成的功能，将 update() 函数中的代码划分为两个模块，并分别定义为两个函数：check_keys() 函数用来处理键盘的按键事件；update_snake() 函数用来处理贪食蛇的逻辑更新。重构之后，update() 函数中就只有如下两行代码：

```
def update():
    check_keys()
    update_snake()
```

再次运行游戏，可以看到贪食蛇的移动效果和之前是一样的。

### 4.2.4　延缓贪食蛇的移动

你可能会发现目前游戏存在一个问题，就是贪食蛇的移动速度太快了，往往还没等反应过来蛇头就移出了窗口边界。这是怎么回事呢？我们知道，贪食蛇的移动代码都是写在 update() 函数中的，而该函数又是由游戏程序自动调用执行的，因此 update() 函数执行的频率就决定了贪食蛇移动的快慢。

---

**说明：**

游戏设计中的术语 UPS（update per second）表示了单位时间内的游戏循环次数。通常来说，UPS 的值越大，游戏运行得越快，反之游戏运行得越慢。

---

现在游戏中的贪食蛇移动过快，显然与 UPS 的值过大有关。然而在 Pgzero 中，程序会按照某个预设的频率来调用 update() 函数，我们似乎并不能自己来决定 UPS 的值。那要采取怎样的方法才能让贪食蛇的移动速度慢下来呢？

既然不能减少 update() 函数的执行次数，不妨换个思路，想办法减少移动贪食蛇的代码在 update() 函数中的执行次数。也就是说，避免程序在每一次游戏循环时都去移动贪食蛇，而是隔几个游戏循环再移动一次，这样就能让贪食蛇的移动速度在我们的掌控之下。

根据上面的思路，在程序开头定义一个全局变量 counter，用来统计游戏循环的执行次数。将 counter 的初值设为 0，然后在游戏循环中不断增加它的值。同时程序会对 counter 的值进行判断，只有当它达到指定的数值时才执行相应的操作，并重新将 counter 的值设为 0。

**说明：**

我们将这样的变量称为延迟变量，在游戏设计中常常用来延缓某些动作的速度，或是降低某些操作的频率。

在 update_snake() 函数体的开头加入延迟变量操作代码。修改后的 update_snake() 函数如下所示（粗体部分为新添加的代码）：

```
def update_snake():
    global counter
    counter += 1
    if counter < 10:
        return
    else:
        counter = 0
    if direction == "east":
        snake_head.x += SIZE
    elif direction == "west":
        snake_head.x -= SIZE
    elif direction == "north":
        snake_head.y -= SIZE
    elif direction == "south":
        snake_head.y += SIZE
```

不难看出，只有当 counter 的值从 0 增加到 10 时，才会执行后面移动贪食蛇的代码，否则程序会调用 return 语句返回。这意味着程序每隔 10 个游戏循环才执行一次贪食蛇的移动操作，从而大大地降低了贪食蛇的移动速度。

现在运行游戏，看看贪食蛇的移动速度是不是减慢了？

**练习：**

试着将 counter 的判断条件修改一下，观察结果会出现什么变化。

### 4.2.5 旋转蛇头的图像

目前虽然实现了蛇头的移动控制，但蛇头在移动中的视觉效果还不是特别理想，你会发现蛇头总是朝向右边的，它的图像并没有随着移动方向的变化而改变。这是因为用来表示蛇头的图片仅仅绘制了蛇头朝向右边的情形，我们并没有准备其他方向的蛇头图片，所以不管蛇头朝哪个方向移动，它都会显示朝向右边的形态。这是否意味着还要另外添加三张图片文件来分别绘制蛇头的其他朝向呢？

其实用不着那么麻烦，只需要将蛇头的图像旋转一下角度就可以了。例如目前的蛇头是朝向右边的，将它的图像逆时针旋转 90 度，那么它的方向就改为朝上了。类似地，分别将蛇头旋转 180 度和 270 度，便可以分别得到蛇头朝左和朝下的图像。

那么程序中旋转蛇头的具体操作是什么呢？其实非常简单，在 Pgzero 中每个角色都有一个预设的 angle 属性，用来表示该角色图像的角度值。同时规定角色图像水平朝右的方向为 0 度，逆时针方向的角度值为正数，顺时针方向的角度值为负数。如此一来，若要旋转角色的图像，只需将角色的 angle 属性设置为某个角度值即可。例如蛇头朝右时它的 angle 值为 0，若要让蛇头朝上，则可将它的 angle 值设为 90。旋转蛇头效果如图 4.2 所示。

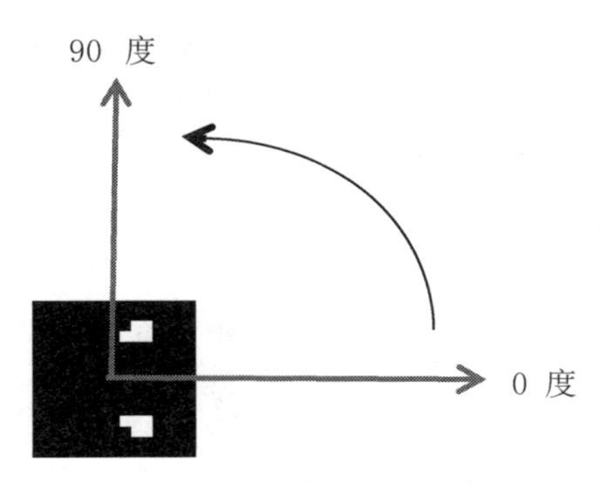


图 4.2　旋转蛇头示意图

根据上面的介绍，对 check_keys() 函数进行修改，加入旋转图像的操作。修改后的 check_keys() 函数代码如下所示（粗体部分表示新添加代码）：

```
def check_keys():
    global direction
    if keyboard.right and direction != "west":
        direction = "east"
        snake_head.angle = 0
    elif keyboard.left and direction != "east":
        direction = "west"
        snake_head.angle = 180
    elif keyboard.up and direction != "south":
        direction = "north"
        snake_head.angle = 90
    elif keyboard.down and direction != "north":
        direction = "south"
        snake_head.angle = -90
```

从上面的代码可以看到，每当贪食蛇的移动方向发生改变时，程序不仅改变 direction 变量的值，而且改变蛇头的 angle 属性值。

---

**提示：**

当蛇头的方向变为向下时，将它的 angle 属性设为 –90，表示蛇头的角度由 0 度顺时针旋转 90 度。由于整个圆周是 360 度，实际上这就相当于蛇头逆时针旋转了 270 度。因此当蛇头朝下时，它的 angle 值也可以设为 270。

---

现在运行一下游戏，可以看到按下不同的方向键时，蛇头会按照移动的方向来旋转图像。

### 4.2.6 使用字典类型

接下来对程序再进行一点小小的改进。目前 update_snake() 函数中的代码稍微有点长，其中使用了四个判断条件，分别对贪食蛇在各方向的移动进行检测与处理。能否将代码简化一下呢？实际上，可以借助字典类型来实现。

---

**说明：**

字典是 Python 语言提供的一种组合数据类型，其中保存的数据是“键值对”，即用冒号“：”分隔的一对数值，冒号前的叫作“键”，冒号后的叫作“值”。使用字典可以方便地通过“键”来查找对应的“值”。

---

字典类型实际上表达了数据间的某种关联，同时将这种关联通过键值对的形式进行保存。在贪食蛇游戏中，蛇头的方向和它的坐标之间就存在关联，因此可以将方向和坐标的关联表示为“键 / 值对”的形式，然后保存在字典类型中。具体来说，“键”可以设为某个方向值，例如 east 字符串；“值”可以设为该方向对应的坐标改变。

然而，蛇头的坐标分为横坐标和纵坐标，当蛇头朝不同方向移动时所改变的坐标是不同的，也就是说，坐标的改变需要在横、纵两个维度上分别进行。例如蛇头朝右移动时，横坐标增加，纵坐标不变；蛇头朝上移动时，横坐标不变，纵坐标减少。那么如何用一个“值”来分别表示横、纵坐标的增加或减少呢？这里使用元组来表示坐标的改变，形如（dx，dy）。其中 dx 的可能取值为 1、0、–1，分别表示横坐标增加，横坐标不变，以及横坐标减少；dy 的可能取值也是 1、0、–1，分别表示纵坐标增加，纵坐标不变，以及纵坐标减少。这样一来，如果“键”被设为 east，则相应的“值”便可设为（1，0），表示贪食蛇向右移动时横坐标增加，而纵坐标保持不变。

接下来在程序的开头定义一个字典类型的全局变量 dirs，用来保存蛇头四个方向的键值对数据，代码如下所示：

```
dirs = {"east":(1, 0), "west":(-1, 0),
        "north":(0, -1), "south":(0, 1)}
```

接着对 update_snake() 函数进行修改，将其中涉及贪食蛇移动的程序语句替换为如下代码：

```
    dx, dy = dirs[direction]
    snake_head.x += dx * SIZE
    snake_head.y += dy * SIZE
```

在上面的代码中，首先将 direction 变量作为“键”来查询字典 dirs，并将获取的“值”保存在元组（dx，dy）中。由于蛇头每次移动 SIZE 长度的距离，因此接下来要分别将元组的 dx 和 dy 分量的值乘以 SIZE，再累加给蛇头的 x 及 y 属性。

## 4.3 添加食物

至此，我们已经完成了贪食蛇游戏一半的设计工作，让我们小小庆祝一下！现在游戏中仅仅只有一个蛇头，贪食蛇长长的身体还没有出现，而且游戏中还有一个角色没有登场，它就是贪食蛇要“吃”的食物。按照游戏规则，食物会随机地出现在游戏窗口中，玩家控制贪食蛇去“吃”食物，每当吃到一个食物，贪食蛇的身体便会增长一个单位。接下来，要在游戏场景中添加食物。

### 4.3.1 让食物随机出现

和贪食蛇一样，食物也可看作是一个游戏角色。我们事先准备了一张图片 snake_food.png 来表示食物的图像，并将其放置在 images 文件夹中，然后调用 Actor 类的构造方法来创建食物角色。在程序的主函数中加入如下代码：

```
food = Actor("snake_food")
```

这行语句创建了一个食物角色，并通过变量名 food 来保存。接着在 draw() 函数中加入显示食物的代码：

```
food.draw()
```

运行程序你会发现，窗口左上角出现了食物的图像。然而，食物的位置是固定的，并不像游戏规则所要求的那样随机出现。如何解决呢？是不是又要用到之前编写游戏中使用过的 random 库呢？恭喜你猜对了。我们正是需要使用 random 库，但和之前所调用的函数略有区别。在拼图和扫雷游戏中调用 random 库的 shuffle() 函数来随机打乱列表的次序，而现在我们希望借助 random 库来随机生成食物的坐标值。这又该调用什么函数呢？

事实上，食物的坐标值不过是两个数字，一个表示横坐标，另一个表示纵坐标，实质上就是需要获得两个随机数，分别用来表示食物的横、纵坐标。为此，可以使用 random 库的 randint() 函数。该函数接收两个整数作为参数，并返回这两个整数之间的一个随机数。

下面使用 randint() 函数为食物生成坐标。首先在程序开头处导入 random 库，然后在创建食物的语句后面添加如下代码：

```
gridx = random.randint(2, WIDTH // SIZE - 2)
gridy = random.randint(2, HEIGHT // SIZE - 2)
food.x = gridx * SIZE
food.y = gridy * SIZE
```

上述代码定义了两个变量 gridx 和 gridy，分别用来保存食物所在的水平和垂直方格的编号，并通过调用 randint() 函数来随机生成编号值。实际上，水平方格的最小编号是 0，而最大编号则是 WIDTH 对 SIZE 取整的结果（即 30），倘若为 randint() 函数分别传入参数 0 和 30，那么水平方格的编号值应该在 0 到 30 随机产生。然而这样做有一个问题，那就是食物的位置有可能太靠近窗口的边界，使得玩家的操作难度变得很大。因此不妨将 randint() 函数的第一个参数值设大一点，而将它的第二个参数值设小一点，以此来调整食物出现在窗口中的位置。同时对垂直方格的编号也进行类似的处理。

接着分别用 gridx 和 gridy 的值乘以 SIZE，得到食物在窗口中的横、纵坐标，并分别赋给食物的 x 和 y 属性。其实上面的代码也可以简写为如下两行：

```
food.x = random.randint(2, WIDTH // SIZE - 2) * SIZE
food.y = random.randint(2, HEIGHT // SIZE - 2) * SIZE
```

试着反复运行几次游戏，看看是不是每次食物出现的位置都不相同了呢？

### 4.3.2 让贪食蛇“吃”食物

食物已经有了，接下来便要考虑如何让贪食蛇“吃”到食物。我们知道，贪食蛇和食物都是游戏中的角色，而贪食蛇“吃”食物的操作，本质上是这两种角色之间发生的一种交互活动。游戏的可玩性正是基于角色之间的交互性，游戏通过角色之间所形成的丰富而复杂的交互活动表现游戏规则，体现游戏乐趣。那究竟怎样让贪食蛇“吃”到食物呢？首先要弄明白“吃”这个动作的含义。游戏毕竟不同于现实，贪食蛇也不可能真正地吃掉食物，这里所谓的“吃”可以理解为一种视觉层面的效果。具体来说，在贪食蛇移动时，当蛇头的图像和食物的图像发生了相互重叠，则表示贪食蛇“吃”到了食物。

由此可见，问题的关键在于判断蛇头和食物的位置关系，即判断蛇头的坐标是否与食物的坐标相等，若是则说明两者的图像发生了重叠，这也就意味着贪食蛇“吃”到了食物。然而吃到之后又将怎么办呢？根据游戏规则，食物吃掉之后要在窗口中的另一个位置随机出现。因此当检测贪食蛇“吃”到食物后，还要重新为食物设置一对随机的坐标值。我们定义了一个 eat_food() 函数专门用于处理贪食蛇“吃”食物的操作。代码如下所示：

```
def eat_food():
    if food.x == snake_head.x and food.y == snake_head.y:
        sounds.eat.play()
        food.x = random.randint(2, WIDTH // SIZE - 2) * SIZE
        food.y = random.randint(2, HEIGHT // SIZE - 2) * SIZE
```

上面代码通过 if 语句来比较蛇头与食物的坐标，若蛇头与食物的 x 属性值相等，并且它们的 y 属性值也相等，则可判定贪食蛇“吃”到了食物。然后程序播放一个音效文件 eat.wav（该文件要事先放入 sounds 文件夹中），接着为食物随机生成新的横坐标与纵坐标。

运行游戏玩一下，看看现在贪食蛇是不是能够吃掉食物了呢？

### 4.3.3　增长贪食蛇的身体

根据游戏规则，当贪食蛇吃掉食物之后，它的身体要增长一个单位。我们还没有做到这一点，贪食蛇目前仅仅只有一个蛇头而已。如何表示贪食蛇的身体呢？事实上，虽然整个贪食蛇可看作是一个游戏角色，但从程序编写的角度来说，贪食蛇的各个组成部分都是独立的角色，不仅是蛇头，还包括蛇身的部分。因此要为贪食蛇的身体创建相应的角色进行表示。

与创建蛇头类似，可以调用 Actor 类的构造方法来创建蛇身的角色，不过为了与蛇头进行区别，使用另外的图像来表示蛇身部分。为此我们准备了图片文件 snake_body.png，用来表示贪食蛇的身体。

那又该如何控制贪食蛇的身体移动呢？我们知道，玩家通过键盘只是控制了蛇头，并不能控制蛇身。其实蛇身根本不需要控制，因为它们从来就没有移动过！简直不敢置信，游戏中明明整个贪食蛇都在移动啊！这不过是你的错觉罢了。事实上从程序的运行来看，在每次的游戏循环中，真正发生了坐标改变的只有蛇头，而蛇身不过是“停留”在蛇头之前移动的轨迹上。具体来说，每当蛇头移到一个新的位置，便会在该处产生一个新的蛇身角色，同时去掉尾部的最后一个蛇身角色。于是整体上看起来贪食蛇的长度没变，但位置却发生了改变，从而你会感觉贪食蛇的身体进行了移动。

了解了以上奥秘，你会不会感觉豁然开朗呢？接下来根据上述分析来编写程序。首先定义一个全局变量 length，用来表示贪食蛇的长度。同时定义全局变量 body 来表示贪食蛇的身体，该变量是列表类型的，用于保存所有的蛇身角色。在程序的开头加入如下代码：

```
length = 1
```

```
body = []
```

可以看到初始时 length 变量被赋值为 1，表示贪食蛇的初始长度为 1，这时贪食蛇只有一个蛇头而没有蛇身。此后每当贪食蛇吃掉一个食物，length 的值便会加 1，表示蛇身增长一个单位。于是要对 eat_food() 函数进行修改，当判断贪食蛇“吃”到食物时，便执行下面这行语句：

```
length += 1
```

接着修改 update_snake() 函数，在其中加入更新贪食蛇身体的代码。修改后的 update_snake() 函数如下所示（粗体部分表示新添加的代码）：

```
def update_snake():
    global counter
    counter += 1
    if counter < 10:
        return
    else:
        counter = 0
    dx, dy = dirs[direction]
    snake_head.x += dx * SIZE
    snake_head.y += dy * SIZE
    if len(body) == length:
        body.remove(body[0])
    body.append(Actor("snake_body", (snake_head.x, snake_head.y)))
```

上述代码首先判断列表 body 的长度是否和贪食蛇的长度相同，如果相同则说明贪食蛇在本轮游戏循环中没有吃到食物，于是为了让贪食蛇看起来长度不变，则需要从列表中移除蛇尾的角色。接下来程序调用 Actor 构造方法，根据蛇头当前的坐标来创建一个新的蛇身角色，并将它加入到列表中。

可以看到，我们向列表 body 中加入角色时，调用的是 append() 方法，加入的角色会成为列表的最后一个元素；而从列表中移除角色时，调用的是 remove() 方法，移除的是索引值为 0 的元素，即列表的第一个元素。操作过程如图 4.3 所示。

---

**提示：**

从数据结构的角度来看，向列表的尾部添加元素，从列表的头部移除元素，这本质上是一种队列操作，即“先进先出”的操作方式。

---

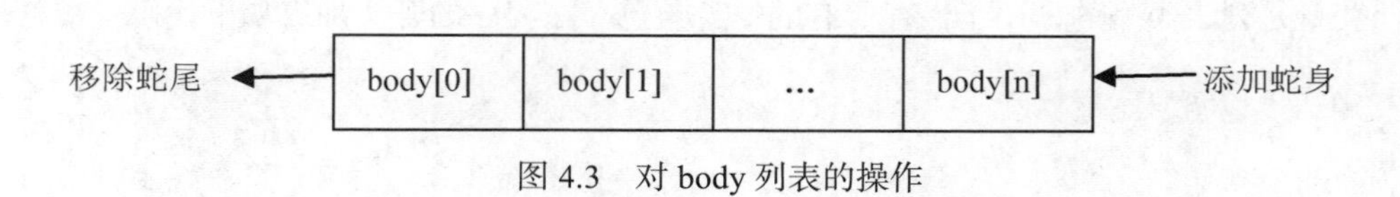


图 4.3　对 body 列表的操作

最后修改 draw() 函数，加入显示蛇身的代码，如下所示：

```
    for b in body:
        b.draw()
```

可以看到，上述代码执行了一个遍历循环，分别调用 body 列表中各个蛇身角色的 draw() 方法进行显示。需要注意的是，上述代码要在蛇头的 draw() 方法之前执行，否则蛇头的图像可能会被蛇身所覆盖。

现在重新运行游戏，你会发现贪食蛇吃到食物之后身体变长了，效果如图 4.4 所示。不难看出，贪食蛇的身体是由一系列方块图像连接在一起形成的，而且相邻的图像彼此贴合得很紧密，看起来就像是一幅连贯的图像。

---

**练习：**

还记得之前留给你思考的问题吗？为什么在移动贪食蛇的时候，我们要将它的坐标增加或减少 SIZE 长度的距离呢？试着将 SIZE 替换为其他的值（例如 20），然后观察游戏的运行效果，相信你很快就会明白其中的道理。

---

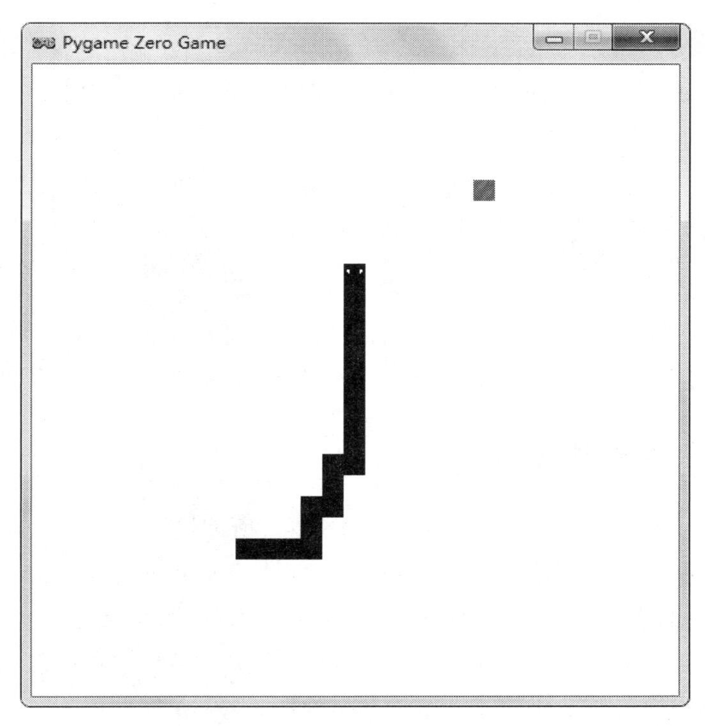


图 4.4　贪食蛇吃到食物后身体变长

## 4.4 实现游戏结束

现在游戏的主要功能基本实现了，但是游戏还不会结束。根据游戏规则，当贪食蛇移动时碰到窗口边界，或者当蛇头在移动中碰到自己的身体，游戏都要结束。下面首先处理贪食蛇碰到窗口边界的情况。

### 4.4.1 判断贪食蛇碰到窗口边界

在目前的游戏中，只要不改变蛇头的移动方向，贪食蛇会一直朝着某个方向移动，直到移到窗口的边界之外。不难发现，在贪食蛇移动时蛇头会首先接触到窗口边界，因此只需针对蛇头进行判断，若蛇头碰到窗口的某个边界，则让游戏结束。蛇头碰到窗口边界的情形可分为四种：蛇头的左边缘超过了窗口的左边界；蛇头的右边缘超过了窗口的右边界；蛇头的上边缘超出了窗口的上边界；蛇头的下边缘超出了窗口的下边界。因此，要分别对这四种情形进行判定。

首先在程序开头定义一个布尔类型的全局变量 finished，用来表示游戏是否结束，代码如下：

```
finished = False
```

我们将 finished 的初值设为 False，表示初始时游戏没有结束。接着在 update() 函数中加入如下代码：

```
if snake_head.left < 0 or snake_head.right > WIDTH or \
   snake_head.top < 0 or snake_head.bottom > HEIGHT:
    sounds.fail.play()
    finished = True
```

上述代码对蛇头与窗口的位置进行比较，只要检测到蛇头超出了窗口的某个边界，便判定游戏结束。此时播放一个音效文件 fail.wav，并将 finished 变量的值设为 True。

### 4.4.2 判断蛇头碰到自己身体

最后处理蛇头在移动中碰到自己的身体的情形。所谓蛇头碰到自己的身体，就是指蛇头的图像与某个蛇身角色的图像发生了重叠。当贪食蛇比较短的时候，这个问题一般不会出现，但是随着蛇身的增长，蛇头在转向后可能会移到蛇身所处的位置上。

由此可见，若要知道蛇头是否碰到自己的身体，则需要遍历蛇身列表，将其中每个角色的坐标与蛇头坐标进行比较，如果某个蛇身角色的坐标与蛇头完全相等，则可判定蛇头碰到了自己的身体。于是可以在 update() 函数中加入如下代码：

```
for n in range(len(body) - 1):
    if(body[n].x == snake_head.x and body[n].y == snake_head.y):
        sounds.fail.play()
        finished = True
```

可以看到，上述代码和前面判断贪食蛇碰到窗口边界的代码作用相似，都是用来处理游戏结束的情形，因此可以将这两部分代码放入同一个函数中。于是再次对代码进行重构，定义了一个 check_gameover() 函数用来处理游戏结束，并将上面的两段代码加入其中。

最后还要在 draw() 函数中加入一点代码，用来显示游戏结束的文字提示。新添加的代码如下所示：

```
if finished:
    screen.draw.text("Game Over!", center=(WIDTH // 2, HEIGHT // 2),
                     fontsize=50, color="red")
```

现在运行游戏，测试一下游戏能否正常结束。游戏结束的画面如图 4.5 所示。

图 4.5　贪食蛇游戏的结束画面

## 4.5 回顾与总结

在本章中，我们一起学习了贪食蛇游戏的编写。首先了解了如何处理键盘的按键事件，并通过键盘实现了对蛇头的移动控制。为了改善游戏效果，学习了如何旋转角色的图像，以及如何使用延迟变量来减缓游戏速度。我们还讨论了如何使用字典类型来表示移动方向和坐标的关系。接下来为游戏添加了食物角色，并让食物随机地出现在游戏窗口中。然后设法让贪食蛇"吃"掉食物，同时让贪食蛇的身体增长。最后对游戏结束的两种情况进行了处理，并对程序代码进行了重构。

本章涉及的 Pgzero 库的新特性总结如表 4.1 所示。

表 4.1　本章涉及的 Pgzero 库的新特性

| Pgzero 特性 | 作 用 描 述 |
|---|---|
| on_key_down(key) | 处理键盘按键事件，key 参数用来获取键盘的按键信息 |
| keys.LEFT | 键盘左方向键的常量值 |
| keys.RIGHT | 键盘右方向键的常量值 |
| keys.UP | 键盘上方向键的常量值 |
| keys.DOWN | 键盘下方向键的常量值 |
| keyboard.left | 键盘左方向键的布尔属性 |
| keyboard.right | 键盘右方向键的布尔属性 |
| keyboard.up | 键盘上方向键的布尔属性 |
| keyboard.down | 键盘下方向键的布尔属性 |

下面给出贪食蛇游戏的完整源程序代码。

```
# 贪食蛇游戏源代码 snake.py
import random
SIZE = 15                # 贪食蛇及食物的尺寸
WIDTH = SIZE * 30        # 屏幕宽度
HEIGHT = SIZE * 30       # 屏幕高度
finished = False        # 游戏结束标记
counter = 0              # 延迟变量，控制贪食蛇移动速度
direction = "east"       # 移动方向
length = 1               # 蛇身长度
body = []                # 蛇身对象列表
dirs = {"east":(1, 0), "west":(-1, 0),
"north":(0, -1), "south":(0, 1)}
# 创建贪食蛇头
snake_head = Actor("snake_head", (30 , 30))
# 创建食物，并随机生成坐标
food = Actor("snake_food", (150, 150))
```

```
    gridx = random.randint(2, WIDTH // SIZE - 2)
    gridy = random.randint(2, HEIGHT // SIZE - 2)
    food.x = gridx * SIZE
    food.y = gridy * SIZE

# 更新游戏逻辑
def update():
    if finished:
        return
    check_gameover()
    check_keys()
    eat_food()
    update_snake()

# 绘制游戏角色
def draw():
    screen.fill((255, 255, 255))
    if finished:
        screen.draw.text("Game Over!", center=(WIDTH // 2, HEIGHT // 2),
                          fontsize=50, color="red")
    for b in body:
        b.draw()
    snake_head.draw()
    food.draw()

# 检查游戏是否结束
def check_gameover():
    global finished
    # 若贪食蛇超出窗口范围，则游戏结束
    if snake_head.left < 0 or snake_head.right > WIDTH or \
       snake_head.top < 0 or snake_head.bottom > HEIGHT:
        sounds.fail.play()
        finished = True
    # 若蛇头碰到蛇身，则游戏结束
    for n in range(len(body) - 1):
        if(body[n].x == snake_head.x and body[n].y == snake_head.y):
            sounds.fail.play()
            finished = True

# 检查方向键的按下事件，来设置蛇头移动方向
def check_keys():
    global direction
    #根据所按下的键来设置方向值，并设置蛇头的正确朝向
    if keyboard.right and direction != "west":
        direction = "east"
        snake_head.angle = 0
    elif keyboard.left and direction != "east":
        direction = "west"
        snake_head.angle = 180
    elif keyboard.up and direction != "south":
```

```
        direction = "north"
        snake_head.angle = 90
    elif keyboard.down and direction != "north":
        direction = "south"
        snake_head.angle = -90

# 检查贪食蛇是否吃到食物，并进行相应处理
def eat_food():
    global length
    if food.x == snake_head.x and food.y == snake_head.y:
        sounds.eat.play()
        length += 1
        food.x = random.randint(2, WIDTH // SIZE - 2) * SIZE
        food.y = random.randint(2, HEIGHT // SIZE - 2) * SIZE

# 更新贪食蛇
def update_snake():
    # 延缓贪食蛇移动速度
    global counter
    counter += 1
    if counter < 10:
        return
    else:
        counter = 0
    # 更新蛇头的坐标
    dx, dy = dirs[direction]
    snake_head.x += dx * SIZE
    snake_head.y += dy * SIZE
    # 更新贪食蛇的身体
    if len(body) == length:
        body.remove(body[0])
    body.append(Actor("snake_body", (snake_head.x, snake_head.y)))
```

# 第5章 随机数的妙用：打字

你可能会发现在前几章介绍的游戏中都使用到了随机函数。对于拼图和扫雷游戏，使用随机函数来随机打乱列表的次序；对于贪食蛇游戏，使用随机函数来随机生成食物角色的坐标。实际上，随机函数的基本作用就是产生随机的数值，即随机数。随机数在游戏程序设计中使用得十分普遍，通过使用随机数，游戏能够产生无穷无尽的变化，使得玩家每次游戏都能收获不同的体验。

在本章中，我们一起来编写一款打字游戏。游戏窗口中会飞出很多气球，每个气球上都标有不同的字母，当玩家按下的键盘按键与气球上的字母相同时，气球将会被消除。在这个游戏的编写中，我们将多处使用到随机数，从而充分展示随机数的奇妙作用。

本章主要涉及如下知识点：

- ❑ 随机生成速度
- ❑ 随机生成位置
- ❑ 随机生成字母
- ❑ 使用集合类型
- ❑ 匹配字母按键
- ❑ 使用定时器
- ❑ 统计游戏积分
- ❑ 实现倒计时效果

## 5.1 创建一个字母气球

### 5.1.1 创建游戏场景

打字游戏的场景非常简单，只需要创建一个合适大小的游戏窗口，并将窗口的背景颜色设置为白色即可。

在程序开头编写如下代码：

```
WIDTH = 640
HEIGHT = 400
```

然后在 draw() 函数中设置窗口的背景颜色，代码如下：

```
def draw():
screen.fill((255, 255, 255))
```

运行游戏，可以看到屏幕上出现了一个空白的窗口，宽度为 640 像素，高度为 400 像素，这便是我们所创建的游戏场景。接下来向场景中添加游戏角色。

### 5.1.2 创建气球角色

打字游戏的角色十分简单，游戏中只有一种角色，即气球角色。首先准备一个图片文件 typing_balloon.png，用来表示气球的图像（记得将图片文件放入 images 文件夹中），然后在程序中编写如下代码：

```
balloon = Actor("typing_balloon", (WIDTH // 2, HEIGHT))
```

上述代码定义了变量 balloon 来表示气球角色，并调用 Actor 类的构造方法创建气球角色。气球的初始位置被设为窗口底端的正中央。接着修改 draw() 函数来显示气球，代码如下：

```
def draw():
    screen.fill((255, 255, 255))
    balloon.draw()
```

运行游戏，这时窗口的最下方出现了一个气球。然而根据游戏规则，气球上需要显示字母，以便提示玩家敲击相应的按键。为此，可以在创建气球后给它定义一个 char 属性，用来表示气球上的字母。代码如下：

```
balloon.char = "A"
```

为了测试显示效果，代码直接将 char 属性的值设置为字母 A。接着在 draw() 函数中添加显示字母的代码，如下所示：

```
screen.draw.text(balloon.char, center=balloon.center,color="black")
```

不难看出，字母实际上是被“绘制”到气球上面的，而根据 center 参数的设置，字母的中心点与气球的中心点是相同的，因此字母会在气球的正中央显示。

然而目前气球还不会移动，设法让它缓缓升起。于是可以在 update() 函数中编写相应的代码，如下所示：

```
def update():
    balloon.y += -1
```

由于气球升起是向上方移动，因此在程序中将 balloon 的 y 属性值增加了一个负值。现在再运行游戏，可以看到显示了字母 A 的气球正在冉冉升起。游戏画面如图 5.1 所示。

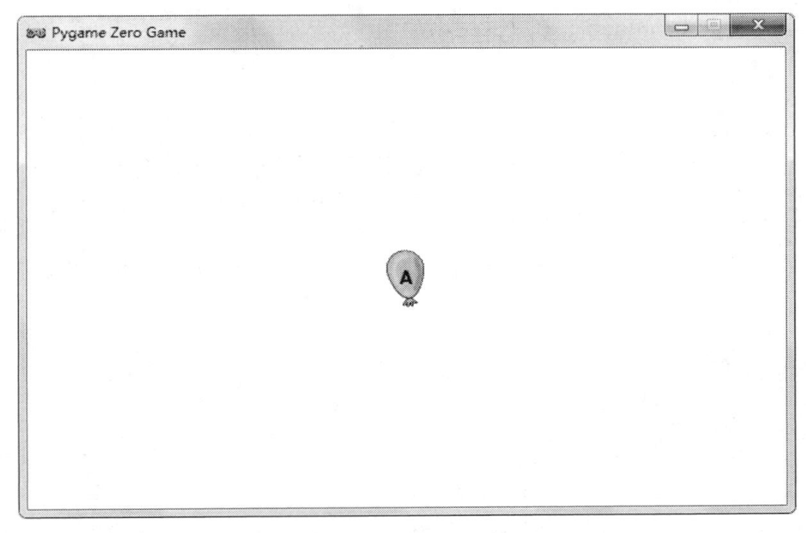


图 5.1　打字游戏的初始画面

## 5.2 添加多个气球

现在游戏中有了一个气球，但根据游戏规则，游戏窗口中需要有很多气球，它们将分别显示不同的字母。此外，这些气球会在窗口底端的不同位置出现，并以不同的速度上升。不难看出，虽然游戏中的角色只有气球，但是各个气球还是有所区别的，具体体现在三方面：一是气球上显示的字母，各气球上所显示的字母不能重复；二是气球出现的位置，虽然都是从窗口最下方开始升起，但是各气球的水平坐标不能完全相同；三是气球移动的速度，虽然都是向上方移动，但是各气球的移动速度不能完全相同。

为了呈现出气球的多样性，需要借助随机数来实现气球间的差异。针对气球间存在的三方面差异，将分别采取不同的方法来实现。首先创建多个气球角色，然后分别为它们随机生成坐标、速度及字母。

### 5.2.1 创建多个气球角色

目前游戏需要多个气球，而我们之前只创建了一个气球角色，因此还要创建一些气球。

首先在程序开头定义一个 MAX_NUM 常量，用来表示出现在窗口中的气球数量。同时定义一个列表 balloons，用来管理所有的气球角色，代码如下：

```
MAX_NUM = 5
balloons = []
```

然后定义一个 add_balloon() 函数，用来生成一个气球角色，并将生成的气球加入列表。add_balloon() 函数的代码如下所示：

```
def add_balloon():
    balloon = Actor("typing_balloon", (WIDTH // 2, HEIGHT))
    balloon.char = "A"
    balloons.append(balloon)
```

为了对所有气球的移动进行统一控制，还定义了一个 update_balloon() 函数，代码如下所示：

```
def update_balloon():
    for balloon in balloons:
        balloon.y += -1
        if balloon.bottom < 0:
            balloons.remove(balloon)
```

上述代码遍历 balloons 列表，对于其中的每个气球 balloon，首先减少它的纵坐标，然后判断它的底部是不是超出了窗口上边界，若是则将它从列表中移除。

接下来修改 update() 函数，在其中调用 add_balloon() 函数来自动创建气球，同时调用 update_balloon() 函数来更新气球的坐标。修改后的 update() 函数代码如下所示：

```
def update():
    if len(balloons) < MAX_NUM:
        add_balloon()
    update_balloon()
```

需要注意的是，程序在调用 add_balloon() 函数之前，首先会将 balloons 列表的长度与 MAX_NUM 常量值进行比较，只有当列表长度小于 MAX_NUM 的值时才能创建气球。也就是说，当窗口中的气球达到 MAX_NUM 值所规定的数目时，程序将不再创建新的气球，而只有等到气球飞出了窗口上边界，才会重新创建气球。这样做是为了控制窗口中的气球数量，以避免程序持续不断地生成气球角色。

最后修改 draw() 函数，以便将所有的气球及其字母都显示出来。修改后的 draw() 函数如下所示：

```
def draw():
    screen.fill((255, 255, 255))
```

```
    for balloon in balloons:
        balloon.draw()
        screen.draw.text(balloon.char, center=balloon.center,color="black")
```

现在运行程序，你会发现全部的气球都重叠在一起，根本分不清窗口中究竟有几个气球。这是因为所有气球的初始位置都是一样的，而且都是以相同的速度缓缓升起。为此，要为各个气球设置不同的坐标，以便将它们区分开。由于所有气球都要从窗口底端升起，因此它们初始时的纵坐标值都是相同的，即等于屏幕高度常量 HEIGHT 的值。从而只需要为各个气球生成随机的横坐标值即可。

### 5.2.2　随机生成气球的坐标

按照模块化的编程方法，定义一个 random_location() 函数，用来随机生成气球的坐标。由于窗口的宽度为常量 WIDTH 的值，因此可以将气球的横坐标随机地设为 0 ～ WIDTH 的某个值，这可以借助 random 库的 randint() 函数来实现。在 random_location() 函数中编写如下代码：

```
def random_location():
    x = random.randint(20, WIDTH - 20)
    return x
```

可以看到，在 random_location() 函数中定义了一个局部变量 x，用来保存并返回随机生成的横坐标值。而在调用 randint() 的时候，给它传递的参数并不是 0 和 WIDTH，而是 20 和 WIDTH - 20，这样做是为了防止气球的位置太靠近窗口的左、右边界。

接着在 add_balloon() 函数中创建气球的语句后面加入如下一行代码：

```
balloon.x = random_location()
```

这行代码调用 random_location() 函数随机生成气球的横坐标值，并将其赋给气球的 x 属性。

再次运行游戏可以看到，现在气球不再是完全重叠了，它们在水平方向上彼此拉开了一段距离。然而游戏的效果仍然不是十分理想，例如会出现如图 5.2 所示的情形，有两个气球相隔距离太近，前面的气球遮挡了后面的气球，以致后面气球上的字母都无法看清。

为什么会这样呢？这是因为程序仅仅为气球随机生成了坐标，但并没有考虑各气球间的位置关系。因此，在为某个气球生成坐标之后，还要检查该气球与其他气球之间的距离，若相隔太近（例如小于 50）则需要重新生成坐标。不妨先使用伪代码来描述一下相关的操作，如下所示：

```
用 min_dx 表示最小值
while min_dx 小于 50:
```

```
将 min_dx 设为一个较大的值
生成一个随机的横坐标值 x
for 列表 balloons 中的每个气球 balloon:
    计算 balloon 的横坐标与 x 的差值，保存在 dx 中
    比较 min_dx 与 dx 的值，将较小者赋给 min_dx
```

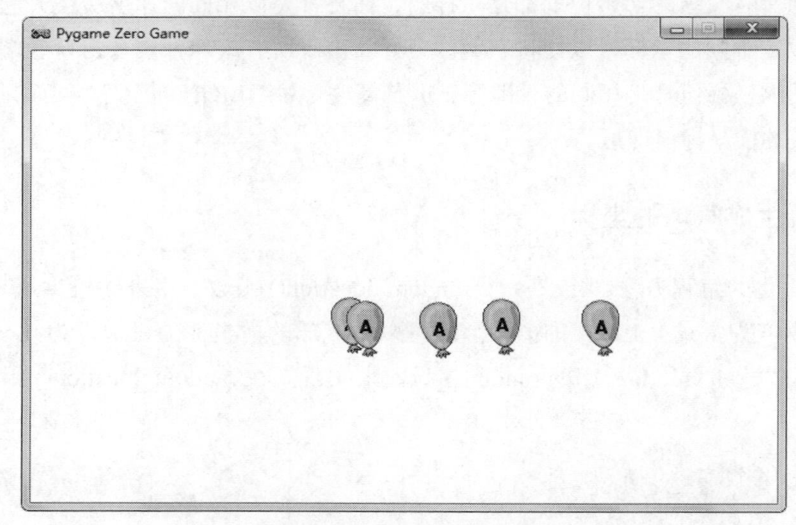


图 5.2　气球距离太近的情形

上面的伪代码中使用了嵌套循环操作，外层的 while 循环用来反复生成随机的坐标值，而内层的 for 循环用来遍历气球列表，计算每个气球与生成坐标的差值，并将最小的差值保存下来。有没有觉得内循环中的操作很眼熟？没错，这就是求解最小值的标准操作。

接下来根据伪代码编写程序，将上述操作的代码写入 random_location() 函数中。修改后的 random_location() 函数如下所示：

```
def random_location():
    min_dx = 0
    while min_dx < 50:
        min_dx = WIDTH
        x = random.randint(20, WIDTH - 20)
        for balloon in balloons:
            dx = abs(balloon.x - x)
            min_dx = min(min_dx, dx)
    return x
```

---

**说明：**

random_location() 函数中调用了两个 Python 的内置函数：一个是 abs() 函数，用来计

算某个数的绝对值；另一个是 min() 函数，用来获取两个数中较小的那一个。

---

重新运行游戏，看看是否还会出现两个气球相隔太近的情形呢？

### 5.2.3　随机生成气球的速度

现在气球虽然在水平方向上彼此分开，但它们都在以同样的速度上升，这不免让游戏看起来有些单调，而且不便于控制游戏的难度，例如要让气球上升更快，则所有气球都会加快速度，游戏将变得很难玩；反之又会让游戏变得太简单。于是可以考虑在气球的移动速度上也引入一些随机性，好让某些气球移动得快一些，而让另外的气球移动得慢一点。

那如何通过随机数为气球设置不同的速度呢？如果完全随机设置气球的移动速度，那游戏的难度不是一样无法控制吗？

---

**提示：**

我们并不能直接将随机数作为气球的速度值，而是通过随机数来形成一定的概率分布，以此控制游戏的难度。例如可以将速度分为几个级别，让最快和最慢的速度出现的概率最小，而让中等速度出现的概率最大。

---

那又如何建立随机数和概率之间的关联呢？其实不难实现，因为随机数本质上就体现了一种概率的因素。如果让程序随机生成 1 ～ 100 的数字，那么生成某个特定数字（例如 5）的概率就是 1%，而生成 10 以内数字的概率则是 10%。于是可以借助随机函数及条件语句来产生我们所需要的概率分布。对于随机生成气球速度的操作，可以用下面的伪代码进行描述：

```
随机生成 1 ~ 100 的整数，保存到变量 n
if  n 的值小于等于 5:
    速度值设为 -5
if  n 的值大于 5 且小于等于 25:
    速度值设为 -4
if  n 的值大于 25 且小于等于 75:
    速度值设为 -3
if  n 的值大于 75 且小于等于 95:
    速度值设为 -2
if  n 的值大于 95 且小于等于 100:
    速度值设为 -1
```

可以看到，将速度分为 5 个等级，并通过随机数的范围来确定概率，其中最大速度值 –5 和最小速度值 –1 出现的概率都很低（5%），其次是速度值为 –4 和 –2 的情况（20%），中等

速度值 -3 出现的概率最高（50%）。随机数在各数值范围内出现的概率如图 5.3 所示。

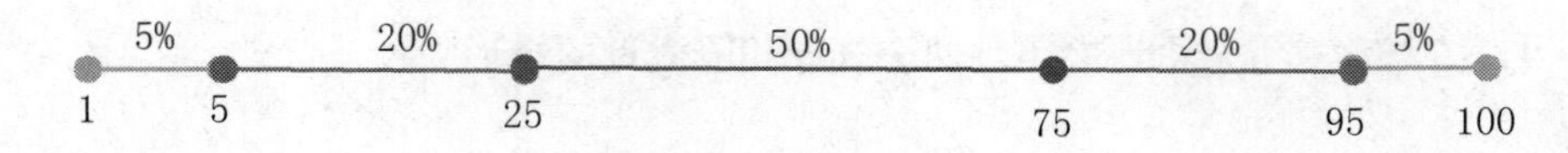


图 5.3　随机数在各数值范围内出现的概率

下面根据伪代码来编写程序。与随机生成气球位置的操作相似，定义一个 random_velocity() 函数来实现随机生成气球速度。代码如下所示：

```
def random_velocity():
    n = random.randint(1, 100)
    if n <= 5:
        velocity = -5
    elif n <= 25:
        velocity = -4
    elif n <= 75:
        velocity = -3
    elif n <= 95:
        velocity = -2
    else:
        velocity = -1
    return velocity
```

跟伪代码的结构略有区别，上述代码使用了“if…elif…else”形式的条件语句来对 1 ～ 100 的随机数的范围进行判定，并为气球设置相应的速度值。如此一来，便能将气球速度的变化控制在合理的范围之内。

接下来在 add_balloon() 函数中创建气球的语句后面加入如下一行代码：

```
balloon.vy = random_velocity()
```

这里为气球新定义了一个 vy 属性，用来表示气球垂直上升的速度，同时调用 random_velocity() 函数将随机生成的速度值赋给 vy 属性。

最后，对 update_balloon() 函数进行一点小小的修改，将更新气球纵坐标的语句修改为如下形式：

```
balloon.y += balloon.vy
```

现在运行游戏，可以看到多个气球源源不断地从窗口底部涌现，并以或快或慢的速度不断向上升起。

---

**练习：**

试着改变一下 random_velocity() 函数中的判断条件，看看气球的移动会发生什么变化？

---

### 5.2.4　随机生成气球的字母

现在已经实现了气球在随机位置出现，并且以随机的速度上升，但问题是各个气球上的字母都是相同的。根据游戏规则，窗口中的每个气球都要显示不同的字母（本游戏仅使用大写字母），这该如何实现呢？

首先要设法随机产生字母，然后判断生成的字母是不是已经被窗口中的气球显示，若是则需要重新生成字母。这里要解决两个问题：一是随机产生字母，二是查询窗口中所有气球的字母。可以使用与 random_location() 函数相似的程序结构，即使用循环嵌套进行处理：外层循环用来反复生成字母，内层循环用来遍历气球列表，检查生成的字母是否与某个气球的字母相同。

然而不妨换一种思路，可以借助 Python 提供的集合类型来解决问题，这样可以避免使用循环嵌套的程序结构。集合与列表和字典类似，也属于组合数据类型，其中可以加入多个元素。但它的独特之处在于，集合中不能存在重复的元素，每个元素在集合中都是唯一的。于是可以先将窗口中所有气球的字母统一加入集合中，然后随机生成新的字母，并判断生成的字母是否已存在于集合中，若是则重新生成字母。下面用伪代码描述生成字母的操作流程：

```
定义一个集合 charset
将气球列表中各气球的字母加入 charset
随机产生一个字母，保存在 ch 中
while charset 中存在 ch 所保存的字母：
       随机地为 ch 生成一个新的字母
```

---

**提示：**

可以看到，上述伪代码只使用了一层循环就解决了问题。事实上，在程序设计过程中，同一个问题往往有很多不同的解决方法，我们要学会从不同的角度思考问题，以便找出更加高效的解决方法。

---

下面根据伪代码来编写程序。定义一个 random_char() 函数，用来实现随机生成气球的字母，代码如下所示：

```
def random_char():
    charset = set()
    for balloon in balloons:
        charset.add(balloon.char)
    ch = chr(random.randint(65, 90))
    while ch in charset:
```

```
        ch = chr(random.randint(65, 90))
    return ch
```

在上述代码中，调用 Python 提供的 set() 函数来创建一个集合类型的变量 charset，然后遍历列表 balloons，将各气球的 char 属性所保存的字母加入 charset 中。接着使用随机函数产生字母，并在 while 语句的条件中判断生成的字母是否存在于 charset 中，若是则随机生成一个新的字母。重复上述过程，直到生成的字母未曾出现在 charset 中，最后调用 return 语句将字母返回。

---

**说明：**

Python 并没有提供直接产生随机字母的函数，在程序中仍然调用 randint() 函数来产生一个随机的整数。由于计算机中的字母都是以 ASCII 码来表示的，而 ASCII 码又是一个整数编码，因此实际上程序随机生成的是某个字母的 ASCII 码，然后调用 Python 中的 chr() 函数将 ASCII 码转换为字母。那为何 randint() 函数的参数是 65 和 90 呢？因为从 65 到 90 范围内的整数包含了大写字母 A 到 Z 的 ASCII 码，而我们的游戏只需要使用大写字母，因此将随机生成的 ASCII 码限定在 65 到 90。

---

接下来，对 add_balloon() 函数进行修改，将气球的 char 属性赋值操作修改为如下代码：

```
    balloon.char = random_char()
```

这里不再将 char 属性设为一个指定的字母 A，而是调用 random_char() 函数随机生成一个不同的字母，再将其赋给气球的 char 属性。

现在运行一下游戏，可以看到窗口中会不断地飘出显示了不同字母的气球，如图 5.4 所示。

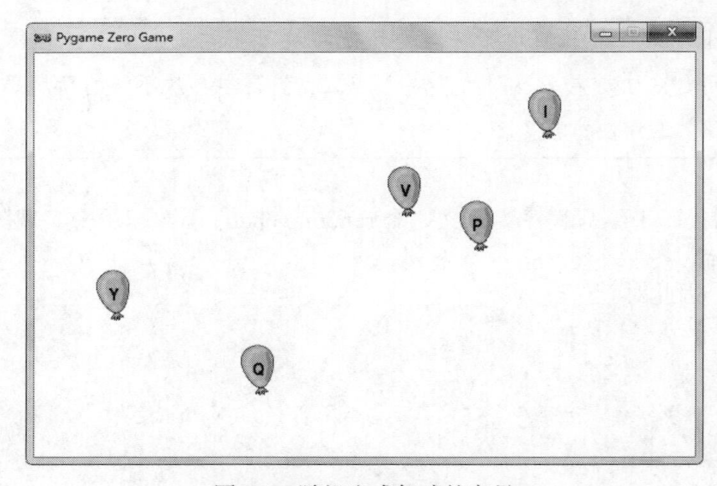


图 5.4　随机生成气球的字母

## 5.3 实现打字功能

至此，我们已经设计好了游戏角色的行为，接下来要实现玩家与角色的互动。对于打字游戏来说，玩家要根据气球上的字母来敲击键盘，如果玩家按下了字母对应的按键，则该字母所在的气球要从窗口消除。由此可见，实现打字游戏的互动关键在于匹配字母的按键。

### 5.3.1 匹配字母的按键

在贪食蛇游戏中，我们学习了处理键盘事件的两种方式，这里直接使用 Pgzero 提供的 on_key_down() 函数进行按键处理。还记得吗 ?on_key_down() 函数带有一个参数 key，用来保存按键信息。我们可以检测 key 的值来确定玩家按下了什么键，而 key 的值是定义在键盘对象 keys 中的某个常量值。键盘大部分按键在 keys 中都有对应的常量值，对于字母键来说，其对应的常量值就是用该字母本身来表示的，例如字母键 A 的常量值为 keys.A。

于是可以逐个地检查窗口中的气球，看看某个气球上的字母和玩家按键的字母是否相同。若相同则将该气球从气球列表中移除，从而它将不会再显示在窗口中。为 on_key_down() 函数编写如下代码：

```
def on_key_down(key):
    for balloon in balloons:
        if str(key) == "keys." + balloon.char:
            balloons.remove(balloon)
            break
```

上述代码对气球列表 balloons 进行遍历，对于每个气球角色，首先获取它的 char 属性，并用“ keys.”字符串与其连接，组成的新字符串看起来就像是 keys 对象的字母键常量的字符串形式。然后调用 Python 的 str() 函数，将 key 参数保存的字母键常量也转化为字符串。接着对上面两个字符串进行比较，若相同则说明玩家按下了气球字母对应的按键，于是将该气球从列表中移除。

运行游戏测试一下，看看能否通过打字消除气球。然而你可能会发现，虽然游戏功能基本上实现了，但视觉效果并不是特别理想。因为当按下某个气球字母对应的按键时，该气球瞬间就消失了，不免显得有些突兀。这说明游戏给予玩家的反馈还比较缺乏，从而影响了玩家的游戏体验。因此对于消除气球的操作，还需要处理得更加精细一些。

### 5.3.2 消除气球

为了提高消除气球操作的爽快感，可以加入一点声音反馈，例如当玩家命中气球的字母时，游戏播放一小段音效来激励玩家。另外在视觉层面，可以突出显示被命中的气球，以便让玩家明确哪只气球被命中。

可是我们只准备了一张气球的图片，那要怎样来突出显示被命中的气球呢？其实有一种简单的做法，就是假如某个气球被命中了，便将它上面的字母改为其他颜色，这样就可以将它与别的气球区分开来。然而这样做要满足一个条件，就是气球被命中后需要在窗口中停留片刻而不是立即消失，以便有足够的时间来显示被命中的效果。这就意味着，当判断某个气球被命中时，要设法对消除气球的操作进行一点点延迟。这又该怎么办呢？

可能你还记得，我们在贪食蛇游戏中使用过延迟变量来减缓贪食蛇的移动速度。这里也可以采用类似的办法吗？倒是可以，但要知道延迟变量通常用来延缓某个特定角色的动作，而打字游戏中所有被命中的气球都需要进行延迟，因此使用延迟变量不是特别方便。事实上，Pgzero 准备了一个特别有效的“武器”来实现延迟操作，那便是 clock 对象。

---

**说明：**

clock 对象可以看作是一个定时器，它提供了几个用来控制操作时间的方法。其中最常用的一个是 schedule() 方法，它用来延缓某个操作的执行时间。该方法接收两个参数：第一个参数是一个函数的名字，该函数定义了需要延迟的具体操作；第二个参数是延迟的时间，单位为秒。当调用 schedule() 方法后，程序便会按照指定的时间来推迟相关操作的执行。

---

为了使用 schedule() 方法，需要将消除气球的操作定义为一个函数，该函数会检查窗口中的气球是否被命中，并将命中的气球从窗口移除。而为了表示气球被命中的状态，还需要为气球角色添加一个属性。首先在 add_balloon() 函数中创建气球的语句后面加入如下一行代码：

```
balloon.typed = False
```

这里为创建的气球新定义了一个 typed 属性，用来表示气球是否被命中。可以看到该属性是布尔类型的，初始时将它的值设为 False，表示游戏开始时气球还没有被命中。

然后定义 remove_balloon() 函数来执行消除气球的操作，代码如下所示：

```
def remove_balloon():
    sounds.eat.play()
    for balloon in balloons:
        if balloon.typed:
            balloons.remove(balloon)
            break
```

程序首先播放一个音效文件 eat.wav（这里使用了贪食蛇游戏中的音效），然后遍历气球列表 balloons，并检查每个气球的 typed 属性值，若某个气球的值为 True，则将该气球从列表中移除。

接着修改 draw() 函数，让气球被命中时显示不同的字母颜色。将显示气球字母的代码修改为如下形式：

```
    if balloon.typed:
        screen.draw.text(balloon.char, center=balloon.center, color="white")
    else:
        screen.draw.text(balloon.char, center=balloon.center, color="black")
```

可以看到，程序在显示字母前先判断气球的状态是否被命中，若是则显示白色的字母，否则显示黑色的字母。

最后修改 on_key_down() 函数，在其中加入对 schedule() 方法的调用语句。修改后的 on_key_down() 函数如下所示（粗体部分表示新添加的代码）：

```
def on_key_down(key):
    for balloon in balloons:
        if str(key) == "keys." + balloon.char:
            balloon.typed = True
            clock.schedule(remove_balloon, 0.3)
            break
```

现在当气球命中后，程序先将其 typed 属性设为 True，然后调用 clock 对象的 schedule() 方法来延迟 remove_balloon() 函数的执行时间。由于传递给 schedule() 方法的第二个参数为 0.3，因此消除气球的操作会等待 0.3 秒后才执行，虽然这个时间非常短暂，但也足够将命中气球时的字母颜色显示出来。

---

**提示：**

倘若延迟时间设得过大，消除气球的操作便会产生迟滞感，这会让玩家觉得游戏不够流畅。因此在游戏设计中要把握适度原则，根据游戏的实际效果来反复调整代码，从而达到一种理想的平衡。

---

再次运行一下游戏，是不是感觉操作起来更加舒服了呢？命中气球时的游戏画面如图 5.5 所示。

---

**练习：**

试着改变一下 schedule() 方法的第二个参数，看看不同的延迟时间会给游戏感受造成什么影响。

---

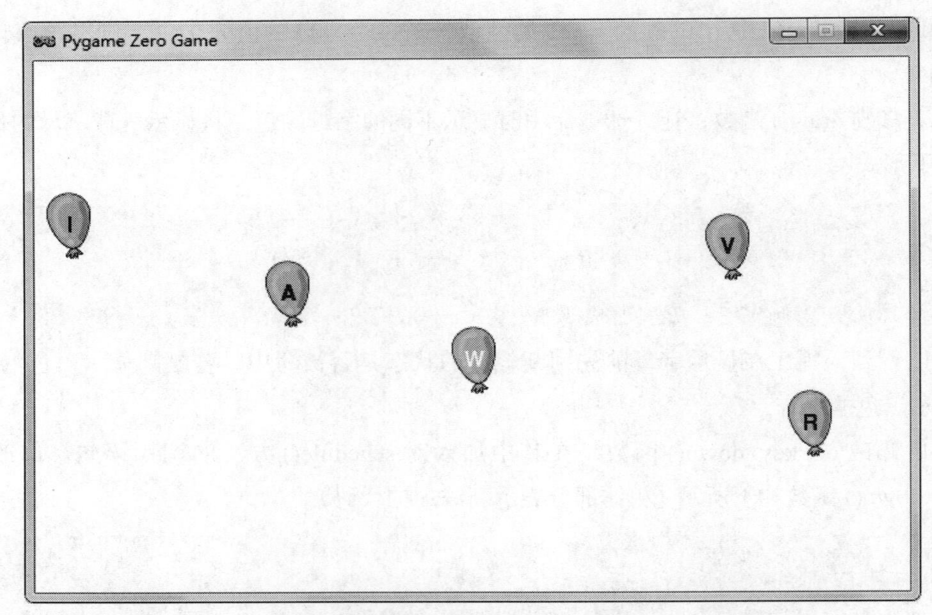


图 5.5　命中气球时的游戏画面

### 5.3.3　修补游戏的 Bug

现在游戏虽然看起来不错，但当你反复玩几遍后便会发现一个问题，就是如果快速地按键来连续命中气球，那么后命中的气球可能会在先命中的气球之前消失。这是怎么回事呢？按理来说应该是先命中的先消失才对啊！

---

**说明：**

事实上，在游戏设计中往往出现一些未曾预料的错误情况，可以把它叫作游戏的 Bug。游戏 Bug 通常并不是很关键的问题，一般不会妨碍游戏的运行，但它却会给游戏的效果造成一定的负面影响。由于游戏程序的特殊性，往往很难避免出现 Bug，而且很多 Bug 只有在游戏过程中才能发现。甚至有些商业游戏在发布运营之后，还会不断地收到玩家反馈的 Bug 信息，然后通过“打补丁”的方式去处理这些 Bug。因此游戏编写完成后要反复检查，以便及时排除游戏中的 Bug。你或许知道，完整的游戏开发流程中有一个环节叫作游戏测试，目的就是系统地排查游戏中各式各样的 Bug。

---

若要处理游戏 Bug，首先得找到问题出现的原因。针对目前游戏中的 Bug，即后命中的

气球可能先消失的情况，我们进行一个详细的分析。由于这个 Bug 是在气球消失过程中产生的，因此可以基本确定 Bug 与消除气球的操作有关，即与 remove_balloon() 函数中的代码有关。此外，remove_balloon() 函数又是通过延迟方法 clock.schedule() 来调用执行的，所以 Bug 或许也与延迟操作有关。

那问题到底出在哪里呢？不妨顺着程序的执行流程简单梳理一下。当判定玩家按键与气球的字母相同时，程序首先执行“ balloon.typed = True”这一语句，将气球标记为命中。紧接着“ clock.schedule(remove_balloon, 0.3)”这一语句将会被执行，这意味着在 0.3 秒之后程序开始执行 remove_balloon() 函数。而在这短短的 0.3 秒之内，或许手快的玩家又命中了另一个气球，那么程序同样地会将该气球标记为命中，并再次调用延迟的方法。于是在这 0.3 秒之内，可能存在两个（或以上）气球的 tpyed 属性值为 True 的情况。

下面再仔细看看 remove_balloon() 函数的操作。该函数遍历气球列表，依次检查列表中各气球的 typed 属性，若某个气球的值为 True 则将其移除。可以预见的是，程序在等待 0.3 秒后执行 remove_balloon() 函数时，将会依照气球在列表中的顺序来检查它们的 typed 属性，而假如此时有两个气球的 typed 值都为 True，则列表中次序靠前的气球将首先被消除。由此可见，在程序中加入延迟后，消除操作是按照气球在列表中的顺序来执行，而不是按照气球的命中顺序来执行。

总算找到了 Bug 产生的原因，那么如何解决它呢？既然我们希望程序按照气球的命中顺序来消除气球，那么就要对 remove_balloon() 函数进行修改，取消对气球列表的遍历操作。另外，先命中的气球先消除，不禁让人联想到“先进先出”的队列操作方式。

---

**提示：**

还记得吗？在贪食蛇游戏中曾使用队列操作来形成贪食蛇的身体。消除气球的操作同样可以借助队列来实现。

---

首先在程序的开头定义一个列表 balloon_queue，用来表示命中气球的队列。代码如下所示：

```
balloon_queue = []
```

列表 balloon_queue 用来保存被命中的气球，每当玩家按下的字母键和某个气球的字母相同，则将该气球加入 balloon_queue 中。于是可以修改 on_key_down() 函数，在调用 schedule() 方法之前加入如下一行代码：

```
balloon_queue.append(balloon)
```

此代码便是将命中的气球加入 balloon_queue 列表中，若玩家短时间内命中多个气球，那么先命中的气球将会先加入 balloon_queue。

最后修改 remove_balloon() 函数，按照气球在 balloon_queue 中的次序执行消除操作。修改后的 remove_balloon() 函数如下所示：

```
def remove_balloon():
    sounds.eat.play()
    balloon = balloon_queue.pop(0)
    if balloon in balloons:
        balloons.remove(balloon)
```

上述代码调用了列表 balloon_queue 的 pop() 方法，传入的参数 0 表示删除列表中索引值为 0 的气球角色（相当于从队首移除），并将其保存至变量 balloon 中，然后进一步将其从气球列表 balloons 中删除。

再次运行游戏，反复多玩几次来测试一下游戏效果，看看之前的 Bug 是不是彻底解决了呢?

## 5.4 完善游戏规则

至此游戏的基本功能已经实现，下面我们要“锦上添花”，继续完善游戏规则。目前游戏最大的问题是无法结束，这样无法让玩家获得完整的游戏体验，因为玩家不仅仅注重游戏的过程，它们也会在意游戏的结果。对于打字游戏，应该以怎样的方式来结束呢?

由于游戏中气球是持续不断涌现的，因此不能指望气球全飞走了才让游戏结束。而对于类似这种角色数量无限的游戏来说，可以根据玩家的操作表现来结束游戏。具体来说有两种做法，一种是基于奖励的，例如当玩家命中指定数量的气球后宣布游戏胜利；另一种是基于惩罚的，例如当玩家漏掉若干个气球后宣布游戏失败。

下面先来讨论如何衡量玩家的操作表现。

### 5.4.1 添加游戏积分

游戏的本质是程序，程序处理的是数据，因此游戏中的操作最终要转化为数值的处理。为了将玩家的表现以数值的形式来反映，往往在游戏中设置积分，当玩家执行了正确的操作，便增加游戏的积分。这样一来，玩家的表现就与数值建立了关联，表现越好分数值越高。

对于打字游戏来说，可以根据玩家命中气球的次数来计算游戏积分，每当玩家命中一个气球，则将分数值增加。当然，具体增加多少完全由你来决定，谁叫你是游戏的创造者呢？！不过为了简化起见，这里仅仅将分数值加 1，因此积分实际上就等同于玩家命中气球的次数。

首先在程序开头定义一个全局变量 score，用来表示游戏积分。代码如下所示：

```
score = 0
```

初始时将 score 的值设为 0，表示游戏开始时还没有积分。此后每当玩家命中一个气球，便将 score 的值加 1。于是接着修改 on_key_down() 函数，在调用 schedule() 方法之前加入如下一行代码：

```
score += 1
```

下面再对 draw() 函数进行修改，加入显示分数的代码，如下所示：

```
    screen.draw.text("Score: " + str(score),
                     bottomleft=(10, HEIGHT - 10), color="black")
```

不难看出，这行代码会将分数值转换为字符串，并显示在窗口的左下角。

现在运行游戏，便可以看到窗口中显示了游戏积分。

### 5.4.2 实现游戏倒计时

现在我们明白，游戏积分实际上仅仅用来统计玩家的正确操作。那么又该如何表示玩家的失误呢？其实可以采用与游戏积分类似的做法，只不过换一个角度而已。例如设定一个数值来统计玩家没有命中气球的次数，每当玩家按错一个字母键，则将数值加 1；或者可以统计从窗口上方飞走的气球数目，每当一个气球飞出窗口，便将数值加 1。这里不打算具体讨论这两种做法的实现细节，有兴趣的朋友可以自己去编码实现。

下面介绍另一种衡量玩家表现的方法，即使用倒计时。该方法设定了一段时间范围，玩家必须在规定时间内完成任务，否则游戏失败。这种方法容许玩家失误，但是失误次数不能太多，否则不能按时完成任务。使用倒计时还能制造紧张刺激的氛围，从而提高玩家的情绪体验。

若要实现倒计时的功能，则需要对游戏运行的时间进行统计。那又如何知道游戏运行了多长时间呢？

---

**说明：**

Python 提供了一个非常有用的 time 库，其中包含了很多处理时间的函数。这里只需要用到一个名为 perf_counter() 的函数，它可以获取系统当前的时间。然而我们并不关心系统当前的确切时间，只想知道游戏已经运行多长时间了。事实上，我们并不是执行一次 perf_counter() 函数就完事了，程序需要在游戏运行过程中不断调用 perf_ counter() 函数，并通过其差值来间接获取游戏的运行时间。

---

首先在程序开头定义两个全局变量 start_time 和 left_time，前者用来记录游戏开始的时间，后者用来保存游戏剩余的时间。代码如下所示：

```
start_time = time.perf_counter()
left_time = 60
```

上述代码在定义 start_time 的同时便调用了一次 perf_counter() 函数，以便将游戏初始时刻的时间记录下来。left_time 的初值则被设为 60，表示游戏总共有 60 秒，这意味着游戏将从 60 秒开始倒计时。

---

**提示：**

在调用 perf_counter() 函数之前要导入 time 库，否则程序执行时会出错。

---

然后定义一个 count_time() 函数，用来计算游戏当前的运行时间，代码如下所示：

```
def count_time():
    global left_time
    play_time = int(time.perf_counter() - start_time)
    left_time = 60 - play_time
```

该函数中有一个局部变量 play_time，表示游戏截至目前已经运行了多长时间。可以看到，这里再次调用了 perf_counter() 函数，用来获取此刻的系统时间，并用它减去全局变量 start_time 中保存的游戏初始时间，两者之差便是游戏当前的运行时间。由于 perf_counter() 函数获取的时间是以秒为单位的小数值，而游戏中只需使用整数的秒值，因此在将差值保存到 play_time 之前，还要调用 Python 中的 int() 函数将小数值转换为整数值。接着用 60 减去 play_time 的值，以此计算游戏时间还剩余多少秒，并将结果保存在全局变量 left_time 中。

接着不要忘记在 update() 函数中调用编写好的 count_time() 函数，以便让游戏循环反复执行。可以预见的是，随着游戏不断进行，play_time 的值会越来越大，而 left_time 的值会逐渐减小，直至为 0。如此一来，便实现了游戏倒计时的效果。

最后修改 draw() 函数，加入显示倒计时的功能，代码如下所示：

```
    screen.draw.text("Time: " + str(left_time),
                     bottomleft=(WIDTH - 80, HEIGHT - 10), color="black")
```

与显示游戏积分类似，代码将 left_time 的值转换为字符串，并将其显示在窗口的右下角。

### 5.4.3　判定游戏结束

我们已经实现了游戏积分和倒计时的功能，在此基础上可以进一步实现游戏结束的效果。例如规定当积分达到 100 时，玩家获得胜利。而当时间用尽，即倒计时为 0 时，玩家游戏失败。

为此需要分别定义两个布尔类型的全局变量 win 和 lost，分别表示游戏获胜及失败的状态。在程序的开头加入下面两行代码：

```
win = False
lost = False
```

然后定义一个函数 check_gameover()，用来对游戏结束的情况进行判定及处理。check_gameover() 函数的代码如下所示：

```
def check_gameover():
    global win, lost
    if score >= 100:
        sounds.win.play()
        win = True
    if left_time <= 0:
        sounds.fail.play()
        lost = True
```

从上述代码可以看到，当 score 的值为 100 时判定游戏胜利，此时播放游戏胜利音效，同时将全局变量 win 的值设为 True；当 left_time 的值为 0 时判定游戏失败，此时播放游戏失败音效，并将全局变量 lost 的值设为 True。

接着在 update() 函数中调用 check_gameover() 函数，以便持续地检查游戏结束的情形。

最后再次修改 draw() 函数，加入代码用于显示游戏胜利及失败时的文字提示。新添加的代码如下所示：

```
    if win:
        screen.draw.text("You Win!", center=(WIDTH // 2, HEIGHT // 2),
                         fontsize=50, color="red")
    elif lost:
        screen.draw.text("You Lost!", center=(WIDTH // 2, HEIGHT // 2),
                         fontsize=50, color="red")
```

随着游戏功能的不断完善，draw() 函数中的代码也越来越多，其中大部分是用来显示文本信息的。于是可以对程序进行重构，提取所有显示文本的语句，并统一将它们放入新定义的 draw_text() 函数中。

现在游戏终于编写完毕，让我们好好玩一下自己编写的游戏，顺便看看还能不能找出什么 Bug。游戏结束的画面如图 5.6 所示。

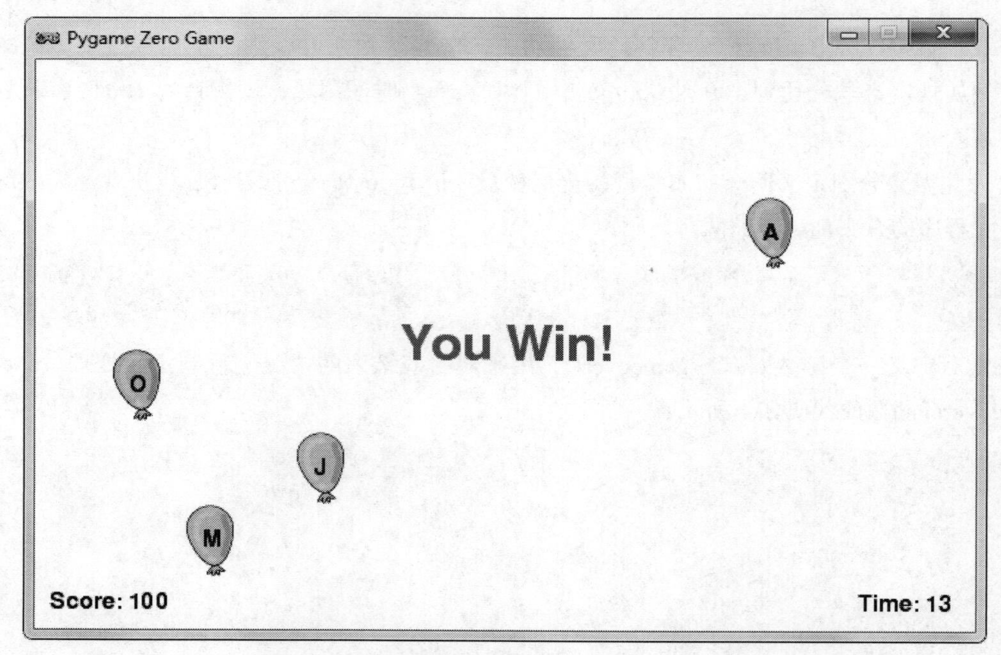


图 5.6　游戏获胜的画面

---

**练习：**

可以试着改变游戏结束的判定条件，看看游戏难度会发生怎样的改变。

---

## 5.5 回顾与总结

在本章我们学习了如何制作一款打字游戏。着重介绍了随机数在游戏设计中的作用，通过随机数的几种不同用法，随机生成了气球的位置、速度及字母。然后讨论了如何对玩家的按键与气球的字母进行匹配，并详细介绍了如何使用定时器来延缓气球的消除操作。接着针对游戏中的 Bug 进行了处理，从而让游戏操作达到比较理想的效果。最后实现了游戏积分及倒计时的功能，并在此基础上完善了游戏的结束规则。此外，在游戏编写过程中，还学习了如何使用 Python 的集合数据类型，以及如何使用 time 库中的函数来获取系统的时间。

本章涉及的 Pgzero 库的新特性总结如表 5.1 所示。

表 5.1　本章涉及的 Pgzero 库的新特性

| Pgzero 特性 | 作 用 描 述 |
| --- | --- |
| clock.schedule(callback, delay) | 根据指定的时间来延迟操作，callback 参数为延迟操作的函数名，delay 为延迟的时间 |
| keys.A | 键盘字母键 A 的常量值 |
| ⋮ | ⋮ |
| keys.Z | 键盘字母键 Z 的常量值 |

下面给出打字游戏的完整源程序代码。

```
# 打字游戏源代码 typing.py
import random, time
WIDTH = 640                          # 屏幕宽度
HEIGHT = 400                         # 屏幕高度
MAX_NUM = 5                          # 窗口中气球的最大数量
balloons = []                        # 气球列表
balloon_queue = []                   # 命中的气球队列
win = False                          # 游戏胜利标记
lost = False                         # 游戏失败标记
score = 0                            # 游戏积分
start_time = time.perf_counter()     # 初始时间
left_time = 60                       # 倒计时

# 更新游戏逻辑
def update():
    if win or lost:
        return
    if len(balloons) < MAX_NUM:
        add_balloon()
    update_balloon()
    check_gameover()
    count_time()

# 绘制游戏图像
def draw():
    screen.fill((255, 255, 255))
    draw_text()
    for balloon in balloons:
      balloon.draw()
      # 绘制气球上的字母，若命中显示白色，否则为黑色
      if balloon.typed:
         screen.draw.text(balloon.char,center=balloon.center,color="white")
```

```
        else:
            screen.draw.text(balloon.char,center=balloon.center,color="black")

# 处理键盘按键事件
def on_key_down(key):
    if win or lost:
        return
    global score
    # 检测按键是否和气球的字符相对应
    for balloon in balloons:
        if balloon.y > 0 and str(key) == "keys." + balloon.char:
            score += 1
            balloon.typed = True
            balloon_queue.append(balloon)
            # 延迟消除气球
            clock.schedule(remove_balloon, 0.3)
            break

# 从窗口中删除气球
def remove_balloon():
    sounds.eat.play()
    balloon = balloon_queue.pop(0)
    if balloon in balloons:
        balloons.remove(balloon)

# 向窗口中添加气球
def add_balloon():
    balloon = Actor("typing_balloon", (WIDTH // 2, HEIGHT))
    balloon.x = random_location()
    balloon.vy = random_velocity()
    balloon.char = random_char()
    balloon.typed = False
    balloons.append(balloon)

# 随机生成气球的初始位置
def random_location():
    min_dx = 0
    while min_dx < 50:
        min_dx = WIDTH
        x = random.randint(20, WIDTH - 20)
        for balloon in balloons:
            dx = abs(balloon.x - x)
            min_dx = min(min_dx, dx)
    return x

# 随机生成气球的移动速度
```

```
def random_velocity():
    n = random.randint(1, 100)
    if n <= 5:
        velocity = -5
    elif n <= 25:
        velocity = -4
    elif n <= 75:
        velocity = -3
    elif n <= 95:
        velocity = -2
    else:
        velocity = -1
    return velocity

# 随机生成气球上的字母
def random_char():
    charset = set()
    for balloon in balloons:
        charset.add(balloon.char)
    ch = chr(random.randint(65, 90))
    while ch in charset:
        ch = chr(random.randint(65, 90))
    return ch

# 更新气球的位置
def update_balloon():
    for balloon in balloons:
        balloon.y += balloon.vy
        if balloon.bottom < 0:
            balloons.remove(balloon)

# 游戏倒计时
def count_time():
    global left_time
    play_time = int(time.perf_counter() - start_time)
    left_time = 60 - play_time

# 检测游戏是否结束
def check_gameover():
    global win, lost
    # 判断游戏是否胜利
    if score >= 100:
        sounds.win.play()
        win = True
    # 判断游戏是否失败
    if left_time <= 0:
```

```
            sounds.fail.play()
            lost = True

# 绘制文字信息
def draw_text():
    screen.draw.text("Time: " + str(left_time),
                     bottomleft=(WIDTH - 80, HEIGHT - 10), color="black")
    screen.draw.text("Score: " + str(score),
                     bottomleft=(10, HEIGHT - 10), color="black")
    if win:
        screen.draw.text("You Win!", center=(WIDTH // 2, HEIGHT // 2),
                         fontsize=50, color="red")
    elif lost:
        screen.draw.text("You Lost!", center=(WIDTH // 2, HEIGHT // 2),
                         fontsize=50, color="red")
```

# 第6章 碰撞检测及处理：打砖块

在贪食蛇游戏的设计中，我们认识了游戏角色间的交互行为，例如贪食蛇“吃”食物可看作是贪食蛇角色与食物角色之间的交互。本章将进一步探讨角色之间的交互，并通过制作打砖块游戏，学习角色交互的重要机制——碰撞检测。根据打砖块游戏的规则，玩家需要操纵窗口下方的挡板去弹击一个小球，让小球将窗口上方的一系列砖块全部敲打掉。可以看到，游戏中小球要分别与挡板及砖块发生交互，将对它们的交互行为实施碰撞检测，并根据碰撞检测的结果进行处理。

本章主要涉及如下知识点：

- 碰撞检测的原理
- 与一个角色的碰撞检测
- 与一组角色的碰撞检测
- 添加生命值

## 6.1 创建场景及角色

### 6.1.1 创建游戏场景

首先为游戏创建一个场景。我们沿用前几个游戏中的做法，即生成指定大小的游戏窗口，然后设置背景颜色。在程序中编写如下代码：

```
WIDTH = 640
HEIGHT = 400
def draw():
    screen.fill((255, 255, 255))
```

上述代码将窗口的宽度值设为 640，将高度值设为 400，然后在 draw() 函数中使用白色来填充窗口的背景。

一个简单的游戏场景就做好了，运行程序看看是不是出现了一个白色的游戏窗口。

### 6.1.2 创建游戏角色

接下来为游戏创建角色。不难发现，打砖块游戏总共有三种不同的角色：小球、挡板和砖块。从数量上来看，小球和挡板都只有一个，而砖块则需要很多个。于是先要为三个游戏角色准备图片资源，它们各自的图片文件分别为：breakout_ball.png、breakout_brick.png 和 breakout_paddle.png，如图 6.1 所示。

图 6.1 打砖块游戏的图片资源

如此一来，便可使用这些图片文件来分别创建各个游戏角色。首先创建小球角色，在程序中加入如下代码：

```
ball = Actor("breakout_ball", (WIDTH // 2, HEIGHT - 47))
```

这行代码使用 breakout_ball.png 图片文件创建了一个小球角色 ball，并将它的初始位置设为窗口下方的正中央。这个小球的图片是不是觉得有点眼熟？对了，在第 1 章中曾使用它来制作弹跳小球游戏，现在小球又重新回来了！

然后创建挡板角色，在程序中再加入一行代码：

```
pad = Actor("breakout_paddle", (WIDTH // 2, HEIGHT - 30))
```

这行代码使用 breakout_paddle.png 图片文件创建了一个挡板角色 pad，它的初始位置比小球稍微靠下一点点。

接着创建砖块角色。由于砖块有很多个，而且以阵列的形式进行排列，因此需要使用双重循环语句，逐行逐列地创建各个砖块角色。同时还要定义一个列表，用来统一管理所有的砖块角色。于是可以在程序中加入下面的代码：

```
BRICK_W = 80
BRICK_H = 20
bricks = []
```

```
for i in range(5):
    for j in range(WIDTH // BRICK_W):
        brick = Actor("breakout_brick")
        brick.left = j * BRICK_W
        brick.top = 30 + i * BRICK_H
        bricks.append(brick)
```

上述代码首先定义了两个常量 BRICK_W 和 BRICK_H，分别用来表示砖块图像的宽度值和高度值；然后定义了一个列表 bricks，用来保存所有的砖块角色；接着使用一个双重循环语句逐行逐列地创建砖块角色，为每个砖块设置坐标，并将其加入列表中。可以看到，所有砖块角色都是通过 breakout_brick.png 图片文件来创建的。在双重循环语句中，变量 i 表示砖块阵列的行号，j 表示列号，于是砖块的 left 属性值可由 j 与 BRICK_W 相乘得到，而 top 属性值可由 i 与 BRICK_H 相乘得到。然而为了让砖块阵列与窗口上边界之间空出一段距离，给砖块的 top 属性值额外增加了 30。

最后修改 draw() 函数，在其中加入显示游戏角色的代码。修改后的 draw() 函数如下所示：

```
def draw():
    screen.fill((255, 255, 255))
    ball.draw()
    pad.draw()
    for brick in bricks:
        brick.draw()
```

运行游戏，可以看到窗口下方的中央显示出了一个挡板和一个小球，两者的图像紧挨在一起，看起来就像是小球被放置在挡板上。而所有的砖块则显示在窗口的上方，它们排列成了一个 5 × 8 的砖块阵列。游戏的画面如图 6.2 所示。

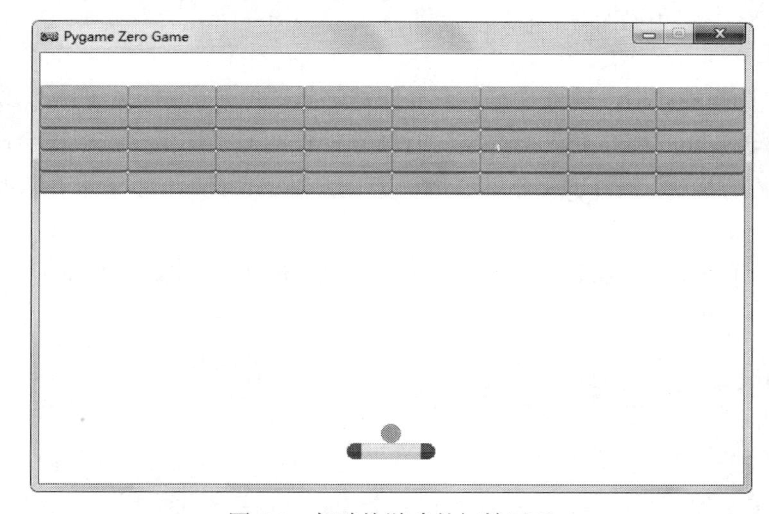


图 6.2　打砖块游戏的初始画面

## 6.2 让角色动起来

现在游戏的场景和角色都已经设置好了，接下来设法让角色活动起来。根据游戏规则，砖块是不需要移动的，挡板和小球则需要移动。但挡板和小球的移动方式却有所区别：前者接受玩家的操控，但只能水平移动；后者可以向各个方向移动，但不受玩家的控制。下面分别来实现挡板和小球的移动。

### 6.2.1 移动挡板

根据上面的分析，挡板在游戏中只能水平移动，那么只需要改变其横坐标的值。然而挡板需要在玩家的控制下才能进行移动，所以还要设法接收玩家的控制命令。对于打砖块游戏，使用鼠标或键盘都可以实现挡板的操控，这里使用键盘来控制挡板。我们规定当玩家按下键盘的左方向键时挡板向左移动，而按下右方向键时挡板向右移动。

为了控制挡板移动的速度，首先为它定义一个 speed 属性。在创建挡板的语句后面加入这样一行代码：

```
pad.speed = 5
```

接着定义一个 pad_move() 函数，用来实现挡板的移动。在 pad_move() 函数中编写如下代码：

```
def pad_move():
    if keyboard.right:
        pad.x += pad.speed
    elif keyboard.left:
        pad.x -= pad.speed
```

在 pad_move() 函数中，对键盘左、右方向键的状态值进行判定，如果玩家按下右方向键，则 keyboard.right 的值会变成 True，此时增加挡板的 x 属性值，挡板便会向右移动；否则当玩家按下左方向键，则 keyboard.left 的值会变为 True，此时减少挡板的 x 属性值，挡板则向左移动。

另外，为了让 pad_move() 函数发挥作用，还需要在 update() 函数中对其进行调用。为此在程序中加入如下代码：

```
def update():
    pad_move()
```

现在运行游戏，测试一下能否通过左、右方向键来控制挡板的水平移动。你会发现，虽然确实能够用键盘控制挡板移动，但还存在一个问题，就是假如持续地按下左方向键或右方向键，挡板会移到窗口边界的外面。这是因为程序目前只是实现了挡板的移动，但并没有对挡板的移动范围加以限制。处理方法很简单，只需要判断挡板是否移出了窗口边界，若是则阻止挡板进一步移动，并让它停留在窗口的边界处。为此在 pad_move() 函数中添加如下代码：

```
    if pad.left < 0:
        pad.left = 0
    elif pad.right > WIDTH :
        pad.right = WIDTH
```

上述代码分别对窗口的左、右两个边界进行检查，若是挡板的 left 属性值小于零，表示挡板移出了窗口左边界，于是将它的 left 属性值设为 0，从而让挡板停靠在窗口的左边界；若是挡板的 right 属性值大于 WIDTH 的值，表示挡板移出了窗口右边界，于是将它的 right 属性值设为 WIDTH，从而让挡板停靠在窗口的右边界。

再次运行游戏，看看现在还能不能将挡板移出窗口边界呢？

### 6.2.2　移动小球

目前挡板可以移动了，但是小球却还停留在原地，接下来要让小球移动起来。首先我们希望小球跟随着挡板一起移动，也就是说，挡板向左移动时小球也向左移动，反之亦然。同时在移动过程中，小球与挡板的相对位置要保持不变，即小球要始终停留在挡板的正上方。这该如何做到呢？实际上很容易，只需要让小球的横坐标始终保持与挡板的横坐标相同即可。可以在 update() 函数中加入这样两行代码：

```
ball.x = pad.x
ball.bottom = pad.top
```

上述代码首先将挡板的 x 属性值赋给小球的 x 属性，使小球和挡板在水平方向保持一致。然后将挡板的 top 属性值赋给小球的 bottom 属性，以便让小球和挡板在垂直方向始终紧挨在一起。

现在运行游戏，试着移动挡板，看看小球是否跟着一起移动了呢？

当然，小球可不能总是停留在挡板上，它需要在窗口内四处移动。因此首先要将小球“发射”出去，即让它从挡板出发朝上方移动。这里可以通过键盘事件来实现小球的发射操作，例如指定键盘的一个按键（这里使用空格键 space），当玩家按下该键时，便将小球发射出去。

那么离开挡板后小球要怎样移动呢？根据游戏规则，小球会在窗口四周进行反弹，所以它的移动方式应该是斜向移动，即水平及垂直方向的坐标都要发生改变，这实际上跟第 1 章的弹跳小球游戏是相同的原理。类似于弹跳小球游戏中的处理，可以为小球设置水平及垂直方向的速度，然后再通过水平及垂直速度来分别改变小球的横坐标和纵坐标。

经过以上分析可以发现，小球在游戏中实际上存在两种不同的状态：一种是停滞状态，此时游戏尚未开始，小球停留在挡板上，并跟随挡板移动；另一种是移动状态，这时小球已经脱离了挡板，在窗口中自由移动。因此还需要对这两种状态进行标识，然后分别进行处理。

首先在程序开头定义一个全局的布尔变量，用来表示小球是否发射的状态，代码如下所示：

```
started = False
```

然后定义一个 ball_move() 函数，用来统一处理小球在两种状态下的移动操作。ball_move() 函数的代码如下所示：

```
def ball_move():
    global started
    if not started:
        if keyboard.space:
            dir = 1 if random.randint(0, 1) else -1
            ball.vx = 3 * dir
            ball.vy = -3
            started = True
        else:
            ball.x = pad.x
            ball.bottom = pad.top
            return
    ball.x += ball.vx
    ball.y += ball.vy
```

上述代码的逻辑稍微有一点复杂，它首先检查全局变量 started 的值，若值不为 True，说明小球尚未发射。于是继续检查 keyboard.space 的值，若为 True 表示玩家按下了空格键，此时为小球设置 vx 和 vy 属性，分别表示它的水平和垂直移动速度，同时将 started 的值设为 True，以防止玩家连续按下空格键。若全局变量 started 的值为 True，则说明小球已经离开了挡板，这时程序不会再去检测键盘事件，而是执行更新小球坐标的操作，将小球的 x 和 y 属性分别加上 vx 和 vy 属性的值。

为了随机确定小球的水平移动方向，定义一个 dir 变量，并随机地将其赋值为 1 或 –1，接着用 dir 的值乘以 3 再赋给小球的 vx 属性，这样小球的水平速度被随机设为 3 或 –3，对应着小球向右或向左移动。

---

**说明：**

在给 dir 变量赋值时使用了 if 语句的精简形式。事实上，在 Python 中 True 和 1 等价，而 False 和 0 等价，因此通过 random() 函数随机生成的 1 或 0 就可以分别表示 True 或 False。该语句的作用相当于如下代码：

```
n = random.randint(0, 1)
if n == 1:
    dir = 1
else:
    dir = -1
```

可以看到，使用精简的 if 语句可以极大地简化代码。

---

最后修改 update() 函数，在其中加入对 ball_move() 函数的调用语句。修改后的 update() 函数如下所示：

```
def update():
    pad_move()
    ball_move()
```

现在运行游戏，试试按下空格键，你会发现小球从挡板上飞了出去。不过先别急着高兴，不久你就会看到小球直接飞出了窗口的边界。这很好理解，因为我们还没有为小球的移动范围加以限制。记得第 1 章的弹跳小球游戏吗？让小球超出窗口的边界后发生反弹，这里也可以使用类似的处理方法。

我们对小球与窗口各边界的位置关系进行检查，并采取相应的处理措施。具体来说，当小球超出窗口右边界时，让它朝左移动；当超出窗口左边界时，让它朝右移动；当超出窗口上边界时，让它朝下移动。然而，当小球超出窗口下边界时，并不让它朝上移动，而是让它重新回到挡板上。

---

**提示：**

游戏规则要求使用挡板来弹击小球，若挡板没能接住小球，那么小球会直接从窗口下方掉落出去。由于目前还没有考虑游戏的结束方式，因此，当小球超出窗口下边界时，暂时先让它回到挡板上。

---

在 ball_move() 函数中加入一段代码，用来实现小球在窗口内的四处移动。新添加的代码如下所示：

```
    if ball.left < 0:
        ball.vx = abs(ball.vx)
    elif ball.right > WIDTH:
        ball.vx = -abs(ball.vx)
    if ball.top < 0:
        ball.vy = abs(ball.vy)
    elif ball.top > HEIGHT:
```

```
            started = False
            sounds.miss.play()
```

上述代码对小球各边缘的坐标进行检查，若小球的 left 属性值小于 0，表示小球超出了窗口左边界，则将它的 vx 属性设为正值，于是小球改为向右移动；若小球的 right 属性值大于 WIDTH，表示小球超出了窗口右边界，则将它的 vx 属性设为负值，于是小球改为向左移动；若小球的 top 属性值小于零，表示小球超出了窗口上边界，则将它的 vy 属性设为正值，于是小球改为向下移动；若小球的 top 属性值大于 HEIGHT，表示小球超出了窗口下边界，则将全局变量 started 的值设为 False，使得小球重新回到挡板上。同时播放了一个音效文件 miss.wav，用来增强游戏的交互效果。

再次运行游戏，可以看到小球移动时不会再跑到窗口外面了。

## 6.3 处理角色间的碰撞

现在游戏还存在一个很大的问题，就是小球与砖块及挡板之间没有任何关系，小球只是径自在窗口内移动，既不会碰到转块，也不能被挡板接住。接下来便要实现小球与砖块及挡板的交互行为，让小球碰到砖块后将其敲打掉，让小球接触到挡板后发生反弹。而要实现游戏角色间的交互，需要使用游戏设计中的一个重要机制，即碰撞检测。首先介绍碰撞检测的基本原理，然后使用碰撞检测来分别处理小球与挡板以及小球与砖块的碰撞问题。

### 6.3.1 碰撞检测的原理

所谓碰撞检测，简而言之就是对游戏中角色之间相互接触的情形进行判定，进而采取相应的措施进行处理。它本质上就是检查两个角色的图像彼此间是否发生了重叠，若是则判定角色发生了碰撞。

通过使用碰撞检测，我们能够方便地实现角色间的交互行为。例如在射击游戏中，子弹射中敌机产生爆炸，便可以使用碰撞检测来判定子弹是否碰撞到敌机，若是则表示子弹射中了，于是执行敌机爆炸的动作。对于打砖块游戏来说，分别对小球与挡板，以及小球与砖块实施碰撞检测，若判定小球碰撞到挡板，则将其反弹回去；若判定小球碰撞到砖块，则将砖块消除，同时让小球发生反弹。

---

**说明：**

实际上在贪食蛇游戏的设计中，我们已对角色之间的交互行为做过初步讨论，例如贪食蛇“吃”食物，就可看作是贪食蛇和食物这两种角色间的交互。然而，当时我们实现贪食蛇“吃”食物的功能并没有采用碰撞检测，而是通过检查这两个角色的坐标是否相等进行判定。由于贪食蛇和食物的图片尺寸相同，这也就意味着，贪食蛇“吃”到食物的那一刻，两者的图像是完全重合的。然而大部分游戏中角色图像的大小并不会相等，所以它们的图像也不可能完全重合。况且角色间的交互也不仅仅在角色重合时才发生，往往在角色彼此稍微接触时便产生了。对于后面一种情况，就需要借助碰撞检测进行处理。

碰撞检测有两种基本方法，一种是基于边界的检测方法，另一种是基于中心距离的检测方法。边界检测法一般针对形状为矩形的角色来实施，它检查各角色图像所涉及的矩形区域的位置关系，以此判定它们的图像是否发生重叠，若是则说明角色间发生了碰撞，进而采取相应的处理措施。边界检测法的原理如图 6.3 所示。

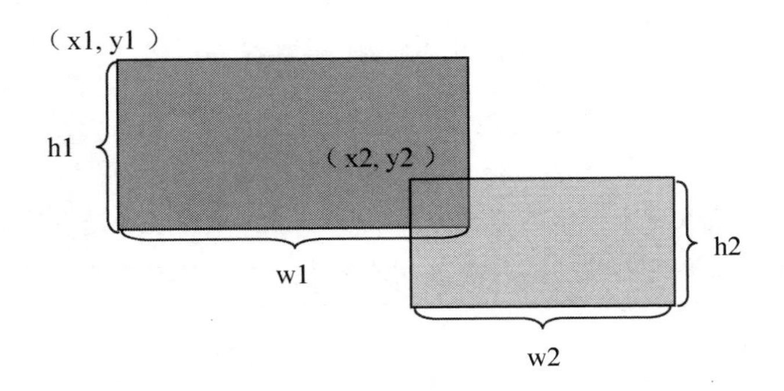


图 6.3　边界检测法示意图

假如采用边界检测法，两个矩形的左上角的坐标分别为（x1，y1）和（x2，y2），宽度分别为 w1 和 w2，高度分别为 h1 和 h2，则判定两者是否碰撞的条件可以表示如下：

$$x1 - x2 < w2 \text{ and } x2 - x1 < w1 \text{ and } y1 - y2 < h2 \text{ and } y2 - y1 < h1$$

中心检测法通常适用于形状为圆形的角色，它将角色中点之间的距离与指定的距离进行比较，以此判定它们的图像是否发生重叠，若是则说明角色间发生了碰撞，进而采取相应的处理措施。中心检测法的原理如图 6.4 所示。

假如采用中心检测法，两个圆的中点坐标分别为（x1，y1）和（x2，y2），半径分别为 r1 和 r2，则判定两者是否碰撞的条件可以表示如下：

$$(x1 - x2) \times (x1 - x2) + (y1 - y2) \times (y1 - y2) < (r1 + r2) \times (r1 + r2)$$

了解碰撞检测的原理之后，下面将对打砖块游戏中的角色实施碰撞检测。然而小球是圆形的，而砖块和挡板又是矩形，那么究竟该采取哪种碰撞检测方法呢？ 对于打砖块游戏，采用边界检查法更加合适，虽然小球不是矩形的，但是可以用它的外接矩形与砖块的矩形进行碰撞检测。

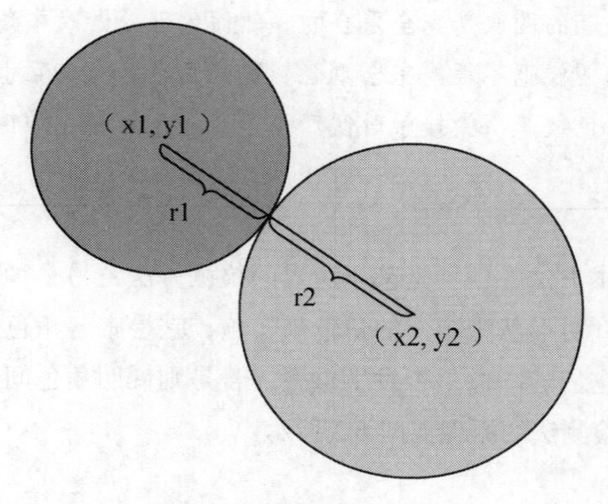


图 6.4　中心检测法示意图

---

**提示：**

不妨想象为把小球放入一个方形的盒子，然后用方形盒子与砖块进行碰撞检测。事实上，碰撞检测并不需要绝对精确，只要游戏效果看上去比较理想就可以了。

---

## 6.3.2　小球与挡板的碰撞

首先处理小球与挡板的碰撞。基于之前的介绍，使用边界检测法来实现小球与挡板的碰撞检测。那是不是又得定义一个函数来实施边界检测呢？没错，按理来说是这样的，可这次并不需要我们亲自动手，因为 Pgzero 已经实现了边界检测的代码，它们被编写在角色的 colliderect() 方法中。在调用某个角色的 colliderect() 方法时，要传入另一个角色作为参数，以便对这两个角色实施碰撞检测。colliderect() 方法返回一个布尔值，若判定角色发生了碰撞，则返回 True，否则返回 False。

那么检测到小球与挡板发生碰撞后，接下来又该如何操作呢？这便进入碰撞检测的下一个步骤，即对碰撞发生后的情形进行处理。这里主要是为小球设计反弹的规则。由于小球是在下落中碰到挡板，因此在垂直方向要将小球向上反弹回去。同时在水平方向上，规定若挡板的左半部碰到小球，则将小球往左弹回；若挡板的右半部碰到小球，则将小球向右弹回。

下面定义一个 collision_ball_pad() 函数，用来处理小球与挡板的碰撞。代码如下所示：

```
def collision_ball_pad():
    if not ball.colliderect(pad):
        return
    if ball.y < pad.y:
        ball.vy = -abs(ball.vy)
        sounds.bounce.play()
    if ball.x < pad.x:
        ball.vx = -abs(ball.vx)
    else:
        ball.vx = abs(ball.vx)
```

从上述代码可以看到，程序首先调用小球的 colliderect() 方法，并将挡板作为参数传给该方法，从而对这两个角色实施碰撞检测。如果 colliderect() 方法的返回值为 False，表示没有检测到碰撞，则调用 return 语句返回，后面的代码将不会被执行；若 colliderect() 方法的返回值为 True，表示发生了碰撞，则进一步执行碰撞处理的代码。

程序首先处理垂直方向的反弹，将小球的 vy 属性设为负值，以便让小球向上移动，同时播放一个反弹的音效文件 bounc.wav。需要注意的是，在垂直反弹之前要确保小球在挡板的上方，所以加入了“ ball.y < pad.y”的判断条件，倘若不对该条件进行检查，则可能出现如图 6.5 所示的游戏 Bug。从图中可以看到，假如挡板迅速移向坠落的小球，便能把即将掉出窗口下方的小球“救”回来，这显然与游戏规则是不相符的。

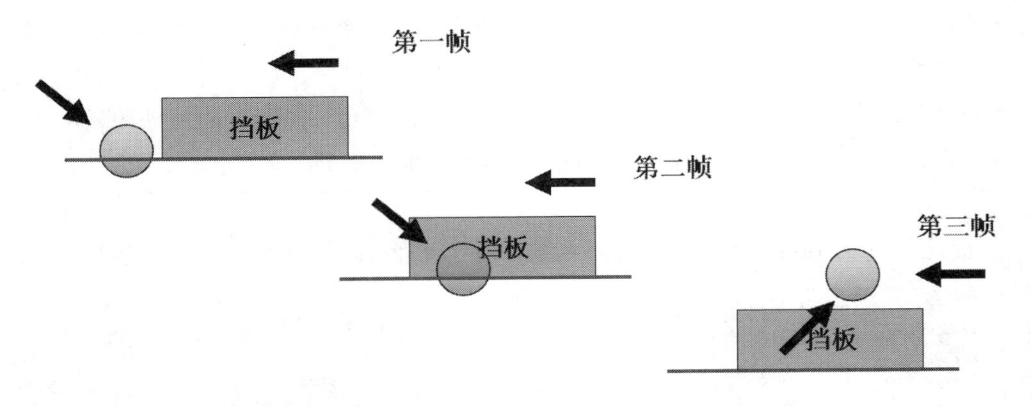


图 6.5　游戏 Bug：小球掉出下边界后被挡板“救”回来

**练习：**

尝试一下去掉上面这个判断条件，看看游戏中会不会真的出现 Bug。

程序接下来处理水平方向的反弹。通过比较小球和挡板的 x 属性值，程序便能判定小球位于挡板的哪一边。假如小球的 x 值小于挡板的 x 值，表示小球位于挡板的左边，此时将小球的 vx 属性设为负值，于是小球需要向左移动；否则小球位于挡板的右边，这时将小球的 vx 属性设为正值，于是小球便向右移动。

最后，不要忘记在 update() 函数中对 collision_ball_pad() 函数进行调用。

运行游戏测试一下效果，看看挡板能否按照设计的规则对小球实施反弹操作。可以看到现在挡板能够弹击小球了，又向前迈进了一大步。接下来要解决一个关键的问题，那便是小球与砖块的碰撞检测。

### 6.3.3 小球与砖块的碰撞

事实上，类似于小球与挡板的碰撞检测，也可以采用边界检测法来处理小球与砖块的碰撞。只不过小球与砖块的碰撞检测更加烦琐，因为砖块不止一个，每一块都需要与小球进行碰撞检测。比较直接的做法是遍历砖块列表，然后针对每一个砖块执行 colliderect() 方法，来检测它与小球是否发生碰撞。

---

**说明：**

Pgzero 提供了一个更简便的途径，即使用角色的 collidelist() 方法。该方法传入一个角色的列表作为参数，从而可以将某个角色与另一组角色进行碰撞检测。collidelist() 方法还提供一个整型的返回值，若检测到角色间发生了碰撞，则返回值为角色在列表中的序号；若没有发生碰撞，则返回值为 -1。因此，通过 collidelist() 方法的返回值，我们可以知道是否发生了碰撞，以及发生了碰撞的具体是哪个角色。

---

下面定义一个 collision_ball_bricks() 函数，用来处理小球与砖块的碰撞。代码如下所示：

```
def collision_ball_bricks():
    n = ball.collidelist(bricks)
    if n == -1:
        return
    brick = bricks[n]
    bricks.remove(brick)
    sounds.collide.play()
```

上述代码首先执行了小球的 collidelist() 方法，传入砖块列表 bricks 作为参数，并将返回值保存在变量 n 中。然后判断 n 的值，若为 -1，表示小球没有和任何一个砖块碰撞，则调用 return 语句返回；否则根据 n 的值从 bricks 列表中获取对应的砖块，然后将它从列表中移除。为了增强互动效果，最后还播放了一个声音文件 collide.wav，用来呈现小球敲打砖块的音效。

在 update() 函数中加入调用 collision_ball_bricks() 函数的代码。然后运行游戏，测试一下小球能否敲打掉砖块。你会发现，小球的确能将碰到的砖块消除，但是小球碰到砖块后没有发生反弹，而是继续向前移动，于是便将途经之处的所有砖块全都消除掉了。这显然是不符合游戏规则的，需要加入小球的反弹操作，以便让小球一次只能敲打掉一个砖块。

---

**提示：**

相比于碰到挡板后的反弹，小球碰到砖块后的反弹更加复杂。因为挡板位于窗口的底部，小球只会在下落时碰撞到挡板，而砖块在窗口中部靠上的位置，小球在移动中可能从各个方向撞上砖块。为了让反弹的效果更加真实，要对小球的反弹规则进行细致设计。

---

总体来看，我们希望小球碰到砖块的上、下两个侧面时发生垂直方向的反弹，而碰到左、右两个侧面时发生水平方向的反弹。具体来说，可以将砖块划分几个不同的区域分别进行处理，如图 6.6 所示。

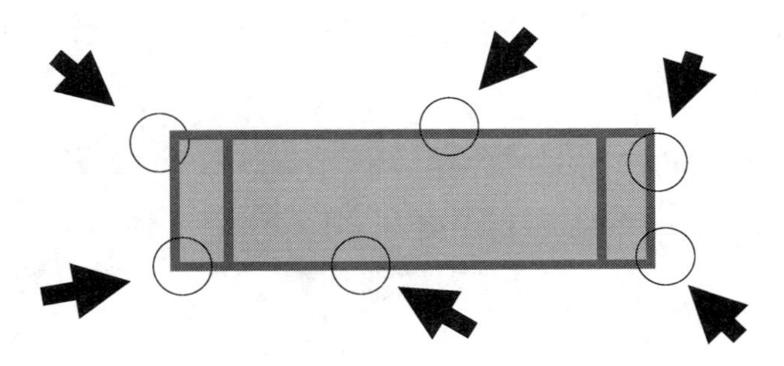

图 6.6　小球与砖块的碰撞示意图

从图 6.6 中可以看到，可以将砖块划分为左、中、右 3 个区域，中间的面积很大，而左、右两侧较小，宽度与小球的半径相等。针对碰撞发生的不同区域，我们对小球的水平速度 vx 和垂直速度 vy 的值进行相应处理。具体规则如下。

（1）当碰撞发生在中间区域：vy 变为相反数，vx 不变。

（2）当碰撞发生在左侧区域：若来球方向为左 (vx > 0)，vx 变为相反数，vy 不变；否则，vy 变为相反数，vx 不变。

（3）当碰撞发生在右侧区域：若来球方向为右 (vx < 0)，vx 变为相反数，vy 不变；否则，vy 变为相反数，vx 不变。

为了按照上述规则执行小球的反弹操作，在 collision_ball_bricks() 函数中加入了如下代码：

```
    if  brick.left < ball.x < brick.right:
        ball.vy *= -1
    elif ball.x <= brick.left:
        if ball.vx > 0:
            ball.vx *= -1
        else:
            ball.vy *= -1
    elif ball.x >= brick.right:
        if ball.vx < 0:
            ball.vx *= -1
        else:
            ball.vy *= -1
```

上述代码将小球的 x 属性值分别与砖块的 left 和 right 属性值进行比较，若小球的 x 值大于砖块的 left 值且小于 right 值，说明小球与砖块的中间区域发生碰撞，此时将小球的 vy 属性值设为相反数，表示让小球垂直反弹。若小球的 x 值小于砖块的 left 值，说明小球与砖块的左侧区域发生碰撞，这时需要进一步判断小球的 vx 属性值，以便确定小球是从左边还是从右边碰到了该区域。对于前者将小球的 vx 值取反，让小球水平反弹；对于后者将小球的 vy 值设取反，让小球垂直反弹。小球与砖块的右侧区域发生碰撞的处理方式与此类似。

再次运行游戏，测试一下小球是不是能够正确地敲击砖块。游戏的运行画面如图 6.7 所示。

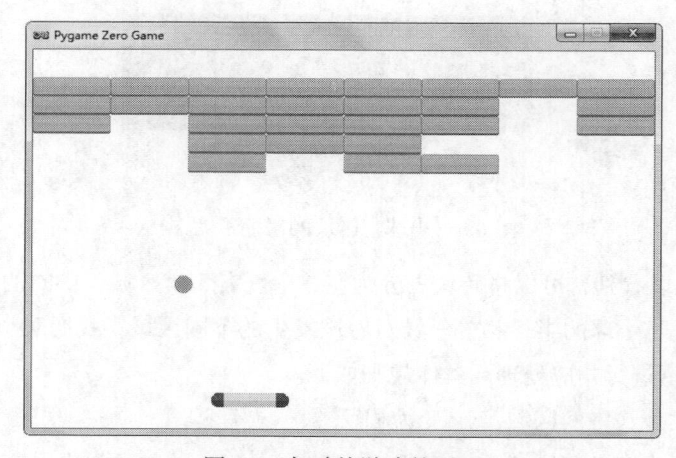


图 6.7　打砖块游戏的画面

## 6.4 完善游戏规则

现在游戏的主要功能已经基本实现，剩下的工作就是继续完善游戏，并实现游戏的结束规则。

### 6.4.1　设置游戏积分

类似打字游戏中的做法，可以为游戏设置积分，每当小球敲打掉一个砖块，便增加相应的分数值，以此来体现玩家的游戏“成绩”。这次决定大方一点，每次不再只加 1 分，而是直接加 100 分。这样当所有砖块都被敲掉后，总的分数值就显得比较大了，这会让玩家的成就感得到充分满足。

首先在程序的开头定义一个全局变量 score，用来表示游戏积分，代码如下所示：

```
score = 0
```

然后对 collision_ball_bricks() 函数稍作修改，在小球与砖块的碰撞处理中加入如下一行代码：

```
score += 100
```

这样一来，每当判定小球与砖块发生了碰撞，程序便会将全局变量 score 的值增加 100。

### 6.4.2　添加生命值

根据打砖块游戏的规则，如果玩家控制的挡板没有接住小球，那么小球会从窗口的下方掉落出去，游戏也会因此失败。但之前为了集中精力去实现游戏的主要功能，于是进行了简化处理，让掉落的小球重新回到挡板上。这就意味着，不论玩家的表现如何，游戏都不会失败。为了能让游戏正常结束，需要对这种局面进行改变。

那是不是改为小球超出窗口下边界时直接让游戏结束呢？这样做虽然可行，但对玩家来说难度太大了，因为这意味着仅仅只有一次机会，如果玩家没接住小球游戏便结束了。

---

**提示：**

在游戏设计过程中，要注意将游戏的难度控制在合理范围之内，使得玩家不会觉得游戏太简单，但同时也不至于感觉太困难。正所谓过犹不及，如果游戏太简单，玩家会觉得很无聊，但如果太困难，玩家又会产生挫败感，这两种情况都会极大地降低游戏的可玩性。

---

有一种调节游戏难度的通用做法，就是为玩家设置生命值，以便提供多次游戏的机会。具体来说，当玩家操作失误时，便会失去一条生命，而当所有的生命都失去时游戏便结束。由此看来，生命值的大小便与游戏的难度产生了关联，生命值越大，意味着玩家尝试的机会越多，游戏的难度也相应越低。反之亦然。

接下来在打砖块游戏中添加生命值。首先设定一个初始的生命值，然后规定每当小球从窗口下方掉落时，生命值减 1。为此在程序开头定义一个全局变量 lives 用来表示生命值，代码如下所示：

```
lives = 5
```

这里将 lives 的初值设为 5，说明最多只有 5 次游戏的机会。

接着修改 ball_move() 函数，在判定小球超出窗口下边界后的处理中加入如下一行代码：

```
    lives -= 1
```

最后对 draw() 函数进行修改，以便将生命值以及之前定义的游戏积分一并显示出来。新添加的代码如下所示：

```
    screen.draw.text("Live: " + str(lives) + "   Score: " + str(score),
                     bottomleft=(5, HEIGHT - 5), color="black")
```

现在运行游戏，可以看到窗口左下角显示出生命值和分数值。试着玩一下游戏，看看积分及生命值能否正确增减。

### 6.4.3 实现游戏结束

现在添加了游戏积分及生命值，于是便可以在此基础上实现游戏结束了。与之前设计的游戏类似，将打砖块游戏的结束也分为两种情况，即胜利和失败两种情况。一方面，如果窗口中所有的砖块都被敲打掉，则游戏胜利；另一方面，如果生命值减少为 0，则游戏失败。

跟以前的操作一样，分别定义两个布尔类型的全局变量 win 和 lost，分别表示游戏获胜及失败的状态。在程序的开头加入下面两行代码：

```
win = False
lost = False
```

然后定义一个函数 check_gameover()，用来对游戏结束的情况进行判定及处理。check_gameover() 函数的代码如下所示：

```
def check_gameover():
    global win, lost
    if len(bricks) == 0:
        sounds.win.play()
        win = True
    if lives <= 0:
        sounds.fail.play()
        lost = True
```

从上述代码可以看到，当砖块列表 bricks 的长度为 0 时判定游戏胜利，此时所有的砖块都已被消除，播放游戏胜利的音效，同时将全局变量 win 的值设为 True；当 lives 的值为 0 时判定游戏失败，此时玩家已用完所有的游戏机会，播放游戏失败的音效，并将全局变量 lost 的值设为 True。

接着在 update() 函数中调用 check_gameover() 函数，以便持续地检查游戏结束的情形。

最后再次修改 draw() 函数，加入代码用于显示游戏胜利及失败时的文字提示。新添加的代码如下所示：

```
    if win:
        screen.draw.text("You Win!", center=(WIDTH // 2, HEIGHT // 2),
                         fontsize=50, color="red")
    elif lost:
        screen.draw.text("You Lost!", center=(WIDTH // 2, HEIGHT // 2),
                         fontsize=50, color="red")
```

与打字游戏的处理类似，可以定义一个 draw_text() 函数，将所有显示文字的代码统一放入到该函数中去。

至此完成了打砖块游戏的制作。运行游戏测试一下，看看能不能找出什么 Bug。打砖块游戏的结束画面如图 6.8 所示。

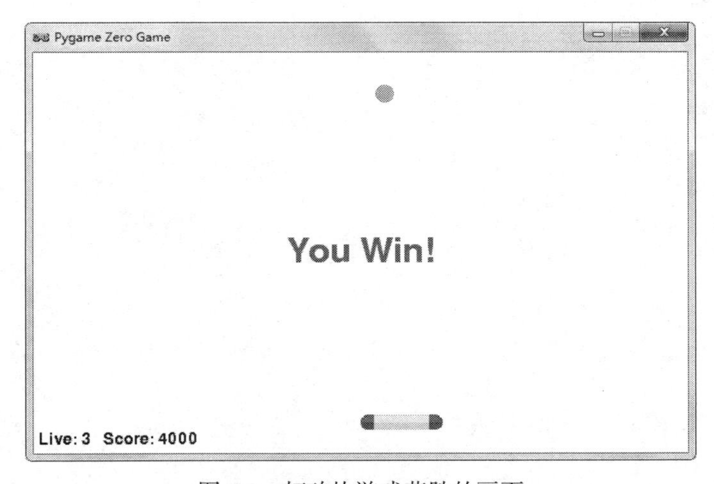


图 6.8　打砖块游戏获胜的画面

---

**练习：**

可以试着改变一下游戏中的各个参数，例如小球的速度、砖块的数量、挡板的长短等，看看这些改变会对游戏的难度造成怎样的影响。

---

## 6.5 回顾与总结

本章我们一起学习制作了打砖块游戏。首先了解了如何实现挡板及小球的移动控制，然后详细讨论了如何实现游戏角色之间的交互行为。我们重点介绍了碰撞检测原理，并通过 Pgzero 提供的相关方法处理了小球与挡板的碰撞，以及小球与砖块的碰撞。最后还为游戏设置了积分和生命值，并在此基础上完善了游戏的结束规则。

本章涉及的 Pgzero 库的新特性总结如表 6.1 所示。

表 6.1　本章涉及的 Pgzero 库的新特性

| Pgzero 特性 | 作 用 描 述 |
| --- | --- |
| ball.colliderect(pad) | 执行某个角色与另一个角色的碰撞检测，参数为一个角色，返回值为布尔类型：若发生碰撞则返回 True，否则返回 False |
| ball.collidelist(bricks) | 执行某个角色与另一组角色的碰撞检测，参数为角色的列表，返回值为整型：若发生碰撞则返回角色在列表中的序号，否则返回 –1 |

下面给出打砖块游戏的完整源程序代码。

```
# 打砖块游戏源代码 breakout.py
import random
WIDTH = 640        # 屏幕宽度
HEIGHT = 400       # 屏幕高度
BRICK_W = 80       # 砖块宽度
BRICK_H = 20       # 砖块高度
started = False        # 小球发射标记
win = False          # 游戏胜利标记
lost = False          # 游戏失败标记
lives = 5            # 生命值
score = 0            # 游戏积分
# 创建挡板
pad = Actor("breakout_paddle", (WIDTH // 2, HEIGHT - 30))
pad.speed = 5        # 挡板移动速度
# 创建小球
ball = Actor("breakout_ball", (WIDTH // 2, HEIGHT - 47))
# 创建砖块列表
bricks = []
for i in range(5):
    for j in range(WIDTH // BRICK_W):
        brick = Actor("breakout_brick")
        brick.left = j * BRICK_W
        brick.top = 30 + i * BRICK_H
        bricks.append(brick)
```

```
# 更新游戏逻辑
def update():
    if win or lost:
        return
    pad_move()
    ball_move()
    collision_ball_bricks()
    collision_ball_pad()
    check_gameover()

# 绘制游戏图像
def draw():
    screen.fill((255, 255, 255))
    draw_text()
    ball.draw()
    pad.draw()
    for brick in bricks:
        brick.draw()

# 移动挡板
def pad_move():
    # 用键盘控制挡板移动
    if keyboard.right:
        pad.x += pad.speed
    elif keyboard.left:
        pad.x -= pad.speed
    # 将挡板限制在窗口范围内
    if pad.left < 0:
        pad.left = 0
    elif pad.right > WIDTH :
        pad.right = WIDTH

# 移动小球
def ball_move():
    global started, lives
    # 检测是否发射小球
    if not started:
        if keyboard.space:
            dir = 1 if random.randint(0, 1) else -1
            ball.vx = 3 * dir
            ball.vy = -3
            started = True
        else:
            ball.x = pad.x
            ball.bottom = pad.top
            return
    # 更新小球坐标
    ball.x += ball.vx
    ball.y += ball.vy
```

```
    # 检测及处理小球与窗口四周的碰撞
    if ball.left < 0:
        ball.vx = abs(ball.vx)
    elif ball.right > WIDTH:
        ball.vx = -abs(ball.vx)
    if ball.top < 0:
        ball.vy = abs(ball.vy)
    elif ball.top > HEIGHT:
        started = False
        lives -= 1
        sounds.miss.play()

# 检测并处理小球与砖块的碰撞
def collision_ball_bricks():
    global score
    # 检测小球是否碰到砖块，若没有则返回
    n = ball.collidelist(bricks)
    if n == -1:
        return
    # 移除碰到的方块
    brick = bricks[n]
    bricks.remove(brick)
    # 增加游戏积分
    score += 100
    sounds.collide.play()
    # 设置小球反弹方向
    if  brick.left < ball.x < brick.right:       # 碰到砖块中部的反弹
        ball.vy *= -1
    elif ball.x <= brick.left:                    # 碰到砖块左部的反弹
        if ball.vx > 0:
            ball.vx *= -1
        else:
            ball.vy *= -1
    elif ball.x >= brick.right:                   # 碰到砖块右部的反弹
        if ball.vx < 0:
            ball.vx *= -1
        else:
            ball.vy *= -1

# 检测并处理小球与挡板的碰撞
def collision_ball_pad():
    # 检测小球是否碰到挡板，若没有则返回
    if not ball.colliderect(pad):
        return
    # 垂直方向反弹
    if ball.y < pad.y:
        ball.vy = -abs(ball.vy)
        sounds.bounce.play()
    # 水平方向反弹
    if ball.x < pad.x:
```

```
            ball.vx = -abs(ball.vx)
        else:
            ball.vx = abs(ball.vx)

# 检测游戏是否结束
def check_gameover():
    global win, lost
    # 判断游戏是否胜利
    if len(bricks) == 0:
        sounds.win.play()
        win = True
    # 判断游戏是否失败
    if lives <= 0:
        sounds.fail.play()
        lost = True

# 绘制文字信息
def draw_text():
    screen.draw.text("Live: " + str(lives) + "    Score: " + str(score),
                     bottomleft=(5, HEIGHT - 5), color="black")
    if win:
        screen.draw.text("You Win!", center=(WIDTH // 2, HEIGHT // 2),
                         fontsize=50, color="red")
    elif lost:
        screen.draw.text("You Lost!", center=(WIDTH // 2, HEIGHT // 2),
                         fontsize=50, color="red")
```

# 第 7 章
# 让游戏更加生动：Flappy Bird

通过前面章节的学习，我们已经积累了相当多的游戏编程技能，现在到综合运用它们的时候了。本章将学习制作曾经风靡一时的移动游戏——Flappy Bird，游戏中玩家需要控制一只小鸟来飞越重重障碍。我们将使用之前学到的技能来完成这款游戏。同时为了让游戏的画面更加生动，将着重讨论如何滚动显示游戏的背景图像，以及播放小鸟角色的飞行动画。此外，还将对游戏的图形用户界面设计进行介绍。

本章主要涉及如下知识点：

- ❑ 滚动背景图像
- ❑ 模拟重力效果
- ❑ 播放角色动画
- ❑ 设计图形用户界面
- ❑ 播放游戏音乐

## 7.1 创建游戏场景

### 7.1.1 设置背景图像

相信经过之前的游戏制作学习，大家都十分清楚游戏设计的第一步就是创建游戏场景。首先设置常量 WIDTH 和 HEIGHT 的值，用来确定场景的大小。在程序的开头编写如下代码：

```
WIDTH = 138 * 4
HEIGHT = 396
```

你或许会觉得奇怪，这里的 WIDTH 和 HEIGHT 值代表什么含义呢？为何不像之前游戏中那样，将场景的宽度和高度设为 10 的整数倍呢？那是因为，之前的游戏都只是用单一的白色作为游戏的背景，所以游戏场景的具体尺寸并不重要，只要能提供足够大小的区域将角色显示出来即可。然而在本章的游戏中，我们将使用图像作为游戏的背景，所使用的图片文件是 flappy_background.png，它的尺寸为 138 × 396。可以看到该图片的宽度较小，如果只用一幅图片作为背景，则游戏的显示区域将十分有限。因此可以将四幅这样的图片拼起来形成一幅完整的背景图像，于是场景总的宽度值就是 138 的 4 倍，而高度值就是 396，效果如图 7.1 所示。

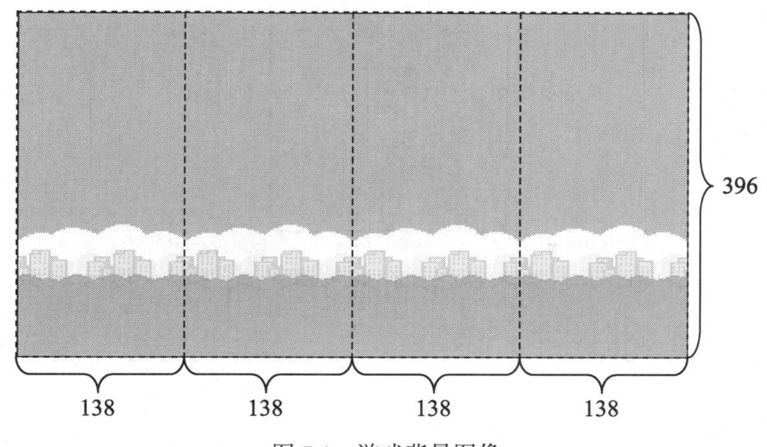


图 7.1　游戏背景图像

由此可见，只需使用图片 flappy_background.png 分别创建 4 个角色，并将它们紧挨在一起显示出来，便可以形成一幅完成的背景图像。接下来定义一个列表 backgrounds，用来保存所有的背景角色，然后循环生成各个背景角色，并保存在 backgrounds 中。在程序中加入如下代码：

```
backgrounds = []
for i in range(5):
    backimage = Actor("flappybird_background", topleft=(i * 138, 0))
    backgrounds.append(backimage)
```

上面的代码是不是有点问题？明明只需要创建 4 个角色，可是程序循环了 5 次。的确，这里总共创建了 5 个角色，其中 4 个用来组成背景图像，剩下的一个自有妙用，后面再具体解释。

需要注意的是，上述代码在创建角色时，为 Actor 构造方法中传入了一个 topleft 参数，用来指定角色左上角的横、纵坐标值。它的作用相当于如下语句：

```
backimage = Actor("flappybird_background")
backimage.top = 0
backimage.left = i * 138
```

类似于 topleft 参数，Pgzero 为角色的几个特殊位置都定义了对应的参数，以便设定角色的位置。角色的各个位置参数如图 7.2 所示。如此一来，便可在创建角色时指定某个位置参数的值，从而直接确定角色的初始位置。

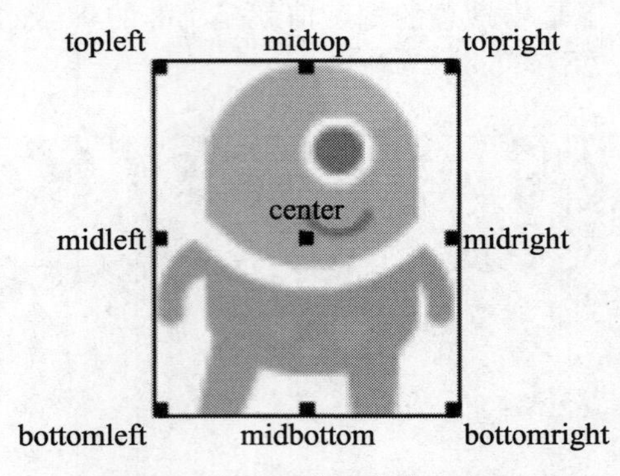


图 7.2　角色的位置参数示意图

---

**说明：**

如果在 Actor 构造方法中没有为角色设定位置参数，则程序默认将角色的 topleft 参数设置为（0，0）。例如以下两行代码的作用相同：

```
Actor("flappybird_background")
Actor("flappybird_background", topleft=(0, 0) )
```

此外，如果仅仅为 Actor 构造方法传入一对坐标值，而没有指明具体的位置参数，则程序默认将这对坐标值赋给 center 参数。因此以下两行代码的作用相同：

```
Actor("flappybird_background", (0, 0))
Actor("flappybird_background", center=(0, 0) )
```

---

接下来为 draw() 函数编写代码，以便将背景图像显示出来。代码如下所示：

```
def draw():
    for backimage in backgrounds:
        backimage.draw()
```

运行游戏，可以看到游戏窗口中出现了图 7.1 所示的背景图像。

### 7.1.2　滚动背景图像

我们知道游戏的场景是有固定大小的，它实际上是由 WIDTH 和 HEIGHT 值所确定的一块显示区域。为了拓展场景的空间范围，让有限的场景区域看起来无限延伸，可以对背景图像实行滚动显示。所谓滚动显示，就是不断地移动背景图像，当图像从窗口的某个边界移出去之后，再让其从另一边重新移进来，从而形成连绵不绝的显示效果。

然而这样做有一个问题，就是当背景图像尚未完全移出窗口边界时，它此前所占据的区域会留下一段空白。为了实现滚动显示时的无缝连接，可以多准备一幅背景图像，将它放在窗口边界之外“待命”，只要当前背景图像稍微移出了窗口边界，那么后备的图像便立即从窗口另一侧移进来。如此便不难理解，之前为何要循环地创建 5 个角色来组成游戏背景。场景滚动的原理如图 7.3 所示，图中矩形框表示游戏窗口。

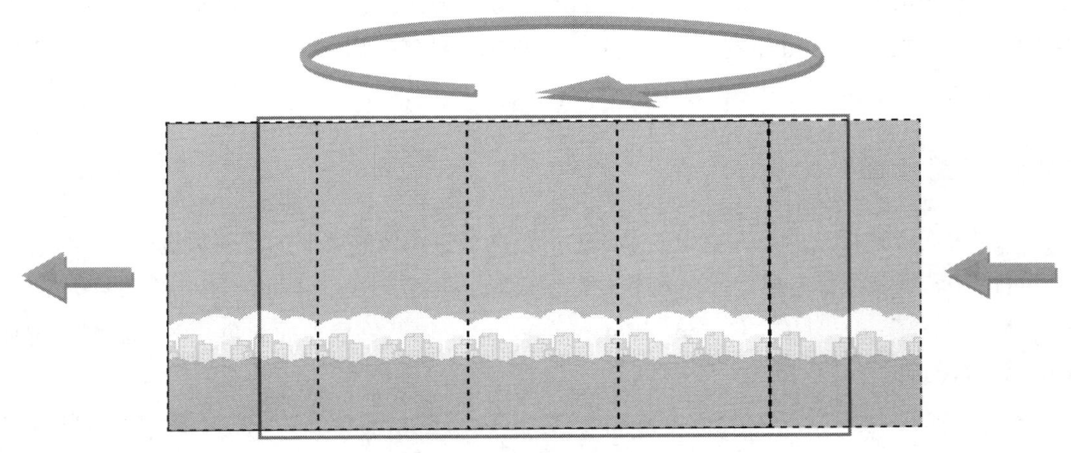

图 7.3　背景图像滚动示意图

首先在程序开头定义一个全局常量 SPEED，用来表示背景滚动的速度。接着定义一个 update_background() 函数，用来滚动背景图像，代码如下所示：

```
SPEED = 3
def update_background():
    for backimage in backgrounds:
        backimage.x -= SPEED
        if backimage.right <= 0:
            backimage.left = WIDTH
```

可以看到，update_background() 函数对列表 backgrounds 进行遍历，对于其中的每个背景角色，首先减少它的 x 属性值以使其向左移动，然后判断它的 right 属性值是否小于等于 0，若是则说明角色的右边缘超出了窗口左边界，于是将它的 left 属性设置为 WIDTH 的值，从而重新将角色置于窗口的右边界处。

最后为 update() 函数编写代码，在其中调用 update_background() 函数，代码如下所示：

```
def update():
    update_background()
```

现在运行游戏，你会惊喜地看到，游戏的背景图像一直不停地移动着。就如同坐在一辆高速行驶的列车上，游戏窗口就好似列车的车窗，而滚动的场景就像是车窗外的风景依次地从眼前掠过。是不是感觉很酷呢？

## 7.2 添加障碍物

现在已经创建了游戏场景，而且实现了背景图像的滚动显示。然而，背景图像的作用主要是美化游戏场景，它并不会与游戏角色进行交互。为此，还要继续在场景中添加用来交互的角色。根据 Flappy Bird 游戏规则，场景中会出现两种障碍物——地面和水管，它们用来阻碍小鸟的飞行。下面来设置障碍物角色。

### 7.2.1 设置地面

目前游戏背景描绘的是天空中的景象，可以在背景图像的底部加入表示地面的角色，一方面可以让场景显得更完整，另一方面又能与小鸟进行交互，从而阻止小鸟向下飞行。

我们准备了一个图片文件 flappybird_ground.png，以此创建地面角色，然后在程序中加入下面一行代码：

```
ground = Actor("flappybird_ground", bottomleft=(0, HEIGHT))
```

这里定义了一个变量 ground 用来保存地面角色。通过在 Actor 构造方法中设置 bottomleft 参数，将地面放置在窗口的底端。

接着修改 draw() 函数，加入显示地面的代码，如下所示：

```
ground.draw()
```

现在运行游戏，你是否觉得呈现在眼前的画面有点奇怪？那是因为背景图像在不停地滚动，而地面的图像却是静止不动。为此，要让地面与背景同步地滚动起来。由于地面图像的宽度很大，它超过了窗口的宽度，因此这里直接使用一幅地面的图像来实现滚动效果，原理如图 7.4 所示。其中左图表示地面的初始位置，当它不断向左移动到达右图所示的位置时，则重新将它设为左图的初始位置。如此往复，便形成了地面循环滚动的效果。

我们定义一个 update_ground() 函数，用来移动地面角色，然后在 update() 函数中调用它来执行。update_ground() 函数的代码如下所示：

```
def update_ground():
    ground.x -= SPEED
    if ground.right < WIDTH:
        ground.left = 0
```

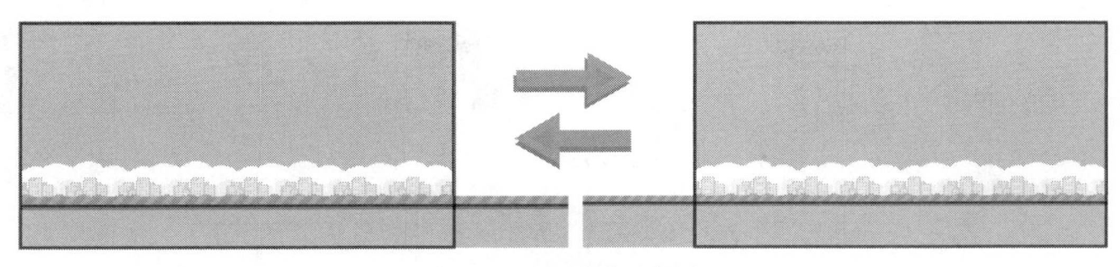

图 7.4　地面滚动示意图

上述代码先将地面角色的 x 属性值减去 SPEED 的值，以使其保持与背景相同的速度向左移动。然后判断它的 right 属性值是否小于 WIDTH 的值，若是则说明地面到达了图 7.4 中右图所示的位置，于是将它的 left 属性值设为 0，从而让地面重新回到初始位置。

### 7.2.2　设置水管

游戏中还有另外一类障碍物，那便是水管，它们用来妨碍小鸟在水平方向的飞行。水管是成对出现的，一根位于窗口上方，另一根位于下方。它们彼此相对，并且间隔一段距离，以便留出空隙让小鸟穿越。

我们准备了图片 flappybird_top_pipe.png 和 flappybird_bottom_pipe.png，分别用来创建上方水管角色及下方水管角色。接着在程序中加入如下代码：

```
pipe_top = Actor("flappybird_top_pipe")
pipe_bottom = Actor("flappybird_bottom_pipe")
```

上述代码定义了变量 pipe_top 和 pipe_bottom，分别保存上方水管角色和下方水管角色。可以看到，目前并没有为这两个角色指定初始位置。

根据游戏规则，水管要从窗口的右侧出现，并且每次出现时水管的高度要发生改变。然而所准备的水管图片高度是确定的，怎样改变水管的高度呢？实际上，可以随机地改变水管在垂直方向上的位置，使得水管每次出现在窗口中的部分都不相同，从而看上去就像是水管的高度发生了改变。此外，由于上、下水管的间距是保持不变的，因此只需要随机生成上方水管的高度，便可进一步求得下方水管的高度，原理如图 7.5 所示。

首先在程序开头定义一个全局常量 GAP，用来表示上、下水管的间距。然后定义一个 reset_pipes() 函数，用来设置水管出现的位置。接着在程序中调用 reset_pipes() 函数来生成一对水管。新添加的代码如下所示：

```
GAP = 150
def reset_pipes():
    pipe_top.bottom = random.randint(50, 150)
    pipe_bottom.top = pipe_top.bottom + GAP
```

```
        pipe_top.left = WIDTH
        pipe_bottom.left = WIDTH
    reset_pipes()
```

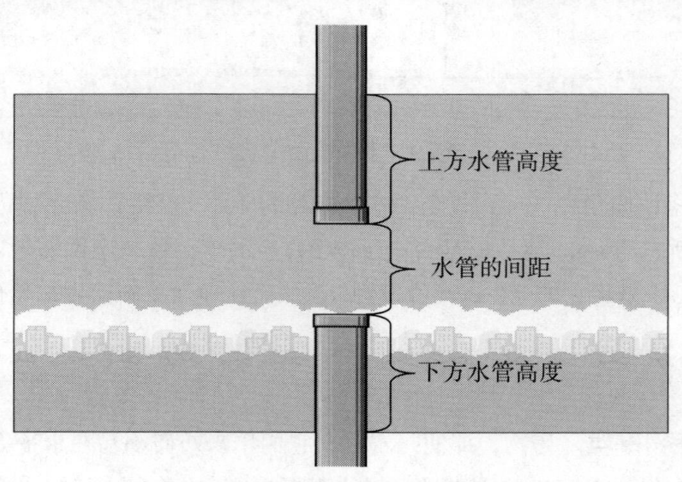


图 7.5　随机生成水管的高度

可以看到，reset_pipes() 函数首先随机生成一个指定范围内的整数值，并将其赋给上方水管的 bottom 属性。然后将该值与 GAP 的值求和，并赋给下方水管的 top 属性，以此来确定下方水管的位置。最后将上、下水管的 left 属性都设为 WIDTH 的值，以便让水管从窗口的右边界开始出现。

此外根据游戏规则，水管也要跟随背景一起向左移动，当其移出窗口左边界之后要重新出现在窗口右侧。于是再定义一个 update_pipes() 函数，用来移动上、下水管，同时在 update() 函数中调用该函数来执行。update_pipes() 函数的代码如下所示：

```
    def update_pipes():
        pipe_top.x -= SPEED
        pipe_bottom.x -= SPEED
        if pipe_top.right < 0:
            reset_pipes()
```

上述代码首先将上、下水管的 x 属性都减去 SPEED 的值，以便让它们同时向左移动，并与背景的滚动速度保持一致。接着检查上水管的 right 属性值是否小于 0，若是则说明水管超出了窗口的左边界，于是调用 reset_pipes() 函数来重新生成水管的位置。

最后修改 draw() 函数，在其中加入显示水管的代码，如下所示：

```
        pipe_top.draw()
        pipe_bottom.draw()
```

运行游戏可以看到，游戏的背景及障碍物在以相同的速度循环滚动。游戏画面如图 7.6 所示。

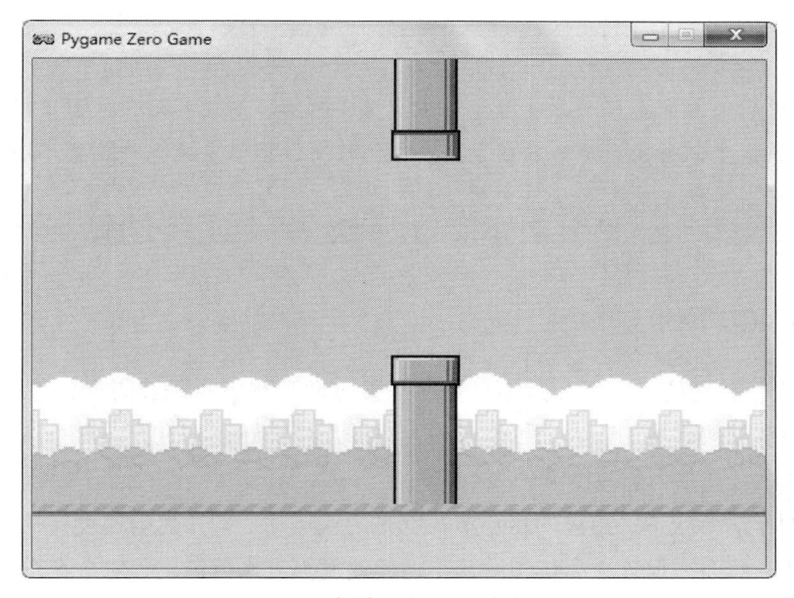


图 7.6　添加障碍物后的游戏画面

## 7.3 添加小鸟

### 7.3.1 创建小鸟角色

现在是时候让游戏的主角登场了，下面来添加小鸟角色。我们准备了一个图片文件 flappybird1.png，用来创建小鸟角色。然后在程序中加入如下代码：

```
bird = Actor("flappybird1", (WIDTH // 2, HEIGHT // 2))
bird.vy = 0
```

上述代码创建了一个小鸟角色，并将它保存在变量 bird 中，同时将它的初始位置设定为窗口的正中央。此外还为小鸟角色定义了一个 vy 属性，用来表示垂直方向的飞行速度，初值设为 0。

接下来修改 draw() 函数，在其中加入显示小鸟的一行代码，如下所示：

```
bird.draw()
```

现在运行游戏，可以看到小鸟竟然飞起来了，而且一直朝右水平飞行！这是怎么回事呢？我们明明没有编写小鸟移动的代码啊！其实这不过是你的错觉罢了，小鸟根本没有移动，因为它的坐标值没有发生任何改变。是不是感觉又领略了游戏设计的一大奥秘呢？

---

**说明：**

小鸟之所以看上去向右移动，是因为背景及障碍物都在向左移动，从而反衬出小鸟向右移动。事实上，很多滚屏游戏都采用类似的技巧，即固定角色的位置不动，而让场景滚动，从而看起来就像是角色在移动。

---

### 7.3.2 模拟重力下的飞行

现在小鸟看上去是在飞行，但也只是在水平方向上飞行，垂直方向好像并没有什么变化。为了让游戏的效果更加逼真，可以模拟重力的作用，即在垂直方向对小鸟施加重力的影响，从而实现小鸟在重力加速度下的飞行。

在之前制作的游戏中，角色的运动形式都是匀速运动，即角色的速度保持不变，而位置则均匀地改变。然而在加入重力作用后，小鸟的速度不再保持恒定，它会在重力影响下产生一个加速度，使得小鸟的位置不再均匀地改变。就像是从高空中坠落的物体，速度会变得越来越快，位置的变化也会愈来愈大。

另一方面，为了防止小鸟持续地向下坠落，需要对小鸟施加控制，让它能够向上飞起来。这里不妨使用鼠标来控制，每当玩家单击鼠标时，小鸟便会飞扬起来。而当它向上飞行达到最高点后，随即又会在重力影响下快速地坠落。图 7.7 显示了小鸟在垂直方向的速度变化。

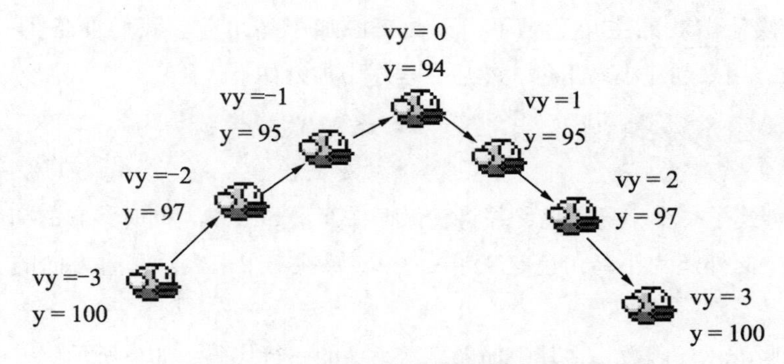


图 7.7 小鸟垂直方向的速度变化示意图

为了达到上述效果，需要定义一个全局常量 GRAVITY，用来表示重力加速度的值。同时还要定义一个全局常量 FLAP_VELOCITY，用来表示小鸟飞扬时的初始速度。在程序的开头加入如下代码：

```
GRAVITY = 0.2
FLAP_VELOCITY = -5
```

可以看到，为初速度设置了一个负的整数值，表示小鸟飞起时的方向是朝上的。而重力加速度的值虽然看起来很小，但它对速度的影响却是相当大的，如果这个值设得比较大，小鸟可能会迅速地掉落到地面上。

接着定义一个 fly() 函数用来实现小鸟的飞扬，然后在 update() 函数中调用该函数来执行。fly() 函数的代码如下所示：

```
def fly():
    bird.vy += GRAVITY
    bird.y += bird.vy
    if bird.top < 0:
        bird.top = 0
```

上述代码首先将小鸟的 vy 属性累加了 GRAVITY 的值，表示垂直速度受到重力的影响而改变。然后将 vy 属性值累加到小鸟的 y 属性，以此来改变小鸟的纵坐标。此外，为了防止小鸟飞出窗口的上边界，程序还对小鸟的 top 属性值进行了检查，若该值小于 0，说明小鸟超出了上边界，则将它的 top 属性值设为 0，以将其限制在窗口范围之内。

最后为 on_mouse_down() 函数编写代码，用来处理鼠标的单击事件。代码如下所示：

```
def on_mouse_down(pos):
    bird.vy = FLAP_VELOCITY
    sounds.flap.play()
```

可以看到，当程序检测到鼠标单击的动作后，首先将小鸟的 vy 属性设置为 FLAP_VELOCITY 的值，相当于给小鸟施加一个向上的爆发力，让它能够瞬间飞扬起来。同时播放一个音效文件 flap.wav，用来增强交互的效果。

现在运行游戏，试着单击鼠标来操纵小鸟，看看它能否自由翱翔？

---

**练习：**

试着修改 FLAP_VELOCITY 和 GRAVITY 的值，观察小鸟的飞行效果会发生什么改变。

---

### 7.3.3　播放飞行动画

你也许会觉得小鸟飞行时看上去有点不自然，它的翅膀总是向上扬起，而没有随着飞行上下摆动。的确是这样的，那是因为目前仅仅使用了一个图片文件 flappybird1.png 来表示小鸟角色，其图像描绘的正是小鸟翅膀上扬的形态。为了让小鸟的飞行效果显得更加生动，我们希望能以动画的形式来展示小鸟飞行的姿态，让小鸟看上去是在不断地拍打翅膀。那么如何播放角色的动画呢？

---

**说明：**

其实所谓的动画，不过是由一幅幅静止的图像组成的，只不过当图像快速切换时，人眼会产生错觉，误认为图像是活动的。相关研究表明，当以不低于每秒 24 幅的速度切换图像时，就可以产生动画的效果，当然切换速度越快效果越好。

---

由此可见，若要播放小鸟飞行的动画，仅使用一张图片是不够的，还得另外为小鸟角色准备两张图片 flappybird2.png 和 flappybird3.png，分别呈现小鸟翅膀放平以及翅膀下摆的姿态，如图 7.8 所示。这样一来，就可以利用这 3 张图片来形成小鸟的飞行动画了。

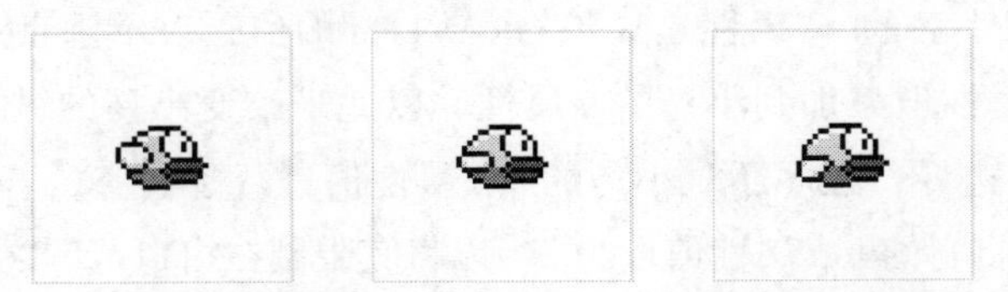

flappybird1.png flappybird2.png flappybird3.png

图 7.8 小鸟飞行的图片

然而，如果每一次游戏循环就切换一幅图像，那么动画的速度未免太快了，这样会让小鸟飞行的效果看上去不太自然。为了控制动画播放的速度，减缓图像切换的频率，需要再次借助延迟变量来实现。

首先在程序开头定义一个全局变量 anim_counter 作为延迟变量，并将其初值设为 0，代码如下所示：

```
anim_counter = 0
```

然后定义一个 animation() 函数用来播放小鸟的飞行动画，并在 update() 函数中调用该函数来执行。animation() 函数的代码如下所示：

```
def animation():
    global anim_counter
    anim_counter += 1
    if anim_counter == 2:
        bird.image = "flappybird1"
    elif anim_counter == 4:
```

```
        bird.image = "flappybird2"
    elif anim_counter == 6:
        bird.image = "flappybird3"
    elif anim_counter == 8:
        bird.image = "flappybird2"
        anim_counter = 0
```

上述代码首先增加 anim_counter 变量的值，然后根据它的值来修改小鸟的 image 属性，以便为它设置不同的图像。具体来说，当 anim_counter 的值增加到 2 时，将小鸟图像设置为 flappybird1.png，即图 7.8 左边的那幅图像，此时小鸟的翅膀向上扬起；当 anim_counter 的值增加到 4 时，将小鸟图像设置为 flappybird2.png，即图 7.8 中间的那幅图像，此时小鸟的翅膀水平不动；当 anim_counter 的值增加到 6 时，将小鸟图像设置为 flappybird3.png，即图 7.8 右边的那幅图像，此时小鸟的翅膀向下摆动；当 anim_counter 的值增加到 8 时，又将小鸟图像设置为 flappybird2.png，此时小鸟的翅膀重新放平。自此小鸟的飞行动画便播放完一轮，这时需要将 anim_counter 的值重新设为 0，从而开始下一轮的动画播放。

再次运行游戏，看看现在小鸟飞行时是否更加真实自然了呢？

---

**练习：**

如果希望小鸟的飞行动画加快或减慢，又该如何修改 anim_counter 的判断条件？动手试试看。

---

## 7.4 小鸟与障碍物的交互

现在小鸟虽然可以飞行了，但看上去似乎畅通无阻，无论是水管还是地面都不能阻止它的前进。那是因为还没有实现小鸟与障碍物之间的交互行为，接下来便要分别对小鸟与地面，以及小鸟与水管实施碰撞检测。

### 7.4.1 小鸟与地面碰撞

根据游戏规则，若小鸟下落时碰撞到地面，则游戏结束。因此需要检测小鸟是否和地面发生了碰撞，并且在检测到碰撞后让游戏停止运行。为此，可以给小鸟添加一个布尔类型的属性 dead，用来表示小鸟是否存活，当小鸟碰撞到地面后将该值设为 True。在创建小鸟的语句后面加入下面一行代码：

```
bird.dead = False
```

然后定义一个 check_collision() 函数来执行碰撞检测，代码如下：

```
def check_collision():
    if bird.colliderect(ground):
        sounds.fall.play()
        bird.dead = True
```

可以看到，代码调用了小鸟角色 bird 的 colliderect() 方法，并将地面角色 ground 作为参数传递给该方法，从而对小鸟与地面实施碰撞检测。若该方法的返回值为 True，说明两者发生了碰撞，这时播放碰撞的音效文件 fall.wav，同时将小鸟的 dead 属性设为 True。

最后对 update() 函数进行修改，以便在小鸟撞上地面后停止游戏的运行。修改后的 update() 函数如下所示：

```
def update():
    if bird.dead:
        return
    update_background()
    update_ground()
    update_pipes()
    fly()
    animation()
    check_collision()
```

update() 函数首先对小鸟的 dead 属性值进行判断，如果该值为 True，说明小鸟已经撞上了地面，于是调用 return 语句直接返回。此时后面的代码将不会执行，从而阻止游戏继续运行。

运行游戏测试一下，看看小鸟撞上地面后游戏是否会停下来。

### 7.4.2 小鸟与水管碰撞

接下来继续处理小鸟与水管的碰撞。其实类似于处理小鸟与地面的碰撞，只需要对小鸟与水管实施碰撞检测即可。只不过水管分为上、下两根，所以需要分别对上水管和下水管实施碰撞检测。为此在 check_collision() 函数中加入如下代码：

```
if bird.colliderect(pipe_top) or bird.colliderect(pipe_bottom):
    sounds.collide.play()
    bird.dead = True
```

上述代码两次调用了小鸟的 colliderect() 方法，并分别将上水管 pipe_top 及下水管 pipe_bottom 作为参数传递给该方法，从而对小鸟与上、下水管分别实施碰撞检测。若是小鸟与上水管或者下水管其中之一发生碰撞，则播放碰撞的音效文件 collide.wav，同时将小鸟的 dead 属性设为 True。

再次运行游戏测试一下，看看小鸟撞上水管后游戏是否会停下来。

### 7.4.3 小鸟飞越水管

目前我们已经实现了游戏的惩罚机制，即当小鸟撞上地面或水管时停止游戏。相应地可以为游戏设置奖励机制，以便激励玩家在游戏中坚持下去。类此之前游戏设计中的做法，可以设置游戏积分，当玩家操纵小鸟从上、下水管之间穿越时，便增加分数值。

那么该如何判定小鸟飞越了水管呢？是否需要利用小鸟和水管的坐标来判断呢？的确如此。可以将小鸟与水管的横坐标进行比较，若发现前者大于后者，则判定小鸟飞越了水管，于是增加游戏积分的值。但这样存在一个问题，就是一旦小鸟飞越了水管，那么此后它的横坐标将始终大于水管的横坐标，这就意味着分数值会一直不断增加，而事实上只希望分数增加一次。为此，需要借助布尔变量的“开关”作用。

---

**说明：**

布尔变量在游戏设计中使用得非常广泛，它除了用来表示游戏或角色的状态，还能对游戏中的各种操作进行控制，以防止连续执行操作。例如当布尔变量的值为 True 时，执行了某个操作，随即将它的值设为 False，相当于“关闭”了开关，这就阻止了再一次执行该操作。直到某种情况下布尔变量的值重新被设为 True，相当于“打开”了开关，这时才能重新执行该操作。

---

可以在程序中定义两个全局变量 score 和 score_flag，前者是整型变量，用来表示游戏的分数值；后者是布尔变量，用来控制游戏积分的操作，只有它的值为 True 时才能增加游戏分数。代码如下所示：

```
score = 0
score_flag = False
```

初始时将 score 的值设为 0，同时将 score_flag 的值设为 False。然后修改 reset_pipes() 函数，在其中对 score_flag 的值进行设置。修改后的 reset_pipes() 函数如下所示（粗体部分表示新添加的代码）：

```
def reset_pipes():
    global score_flag
    score_flag = True
    pipe_top.bottom = random.randint(50, 150)
    pipe_bottom.top = pipe_top.bottom + GAP
    pipe_top.left = WIDTH
    pipe_bottom.left = WIDTH
```

如此一来，每当重新设置水管时，便会将 score_flag 的值设为 True，相当于“打开”了积分操作的开关，此时便具备了增加分数的必要条件。

接着修改 fly() 函数，在其中添加代码来实现游戏积分的功能。修改后的 fly() 函数如下所示（粗体部分表示新添加的代码）：

```
def fly():
    global score, score_flag
    if score_flag and bird.x > pipe_top.right:
        score += 1
        score_flag = False
    bird.vy += GRAVITY
    bird.y += bird.vy
    if bird.top < 0:
        bird.top = 0
```

可以看到，需要同时满足两个条件才会增加游戏分数，一个条件是 score_flag 的值为 True，另一个条件是小鸟的 x 属性值大于水管的 right 属性值，即小鸟越过了水管的右边缘。若这两个条件都满足，则将 score 的值加 1，同时将 score_flag 的值设为 False，相当于“关闭”了积分操作的开关，从而阻止了分数值持续增加。

最后修改 draw() 函数，在其中添加如下一行代码来显示游戏积分：

```
screen.draw.text(str(score), topleft=(30, 30), fontsize=30)
```

现在运行游戏，可以看到如图 7.9 所示的游戏画面。试着玩一下，看看你最多能玩到多少分。

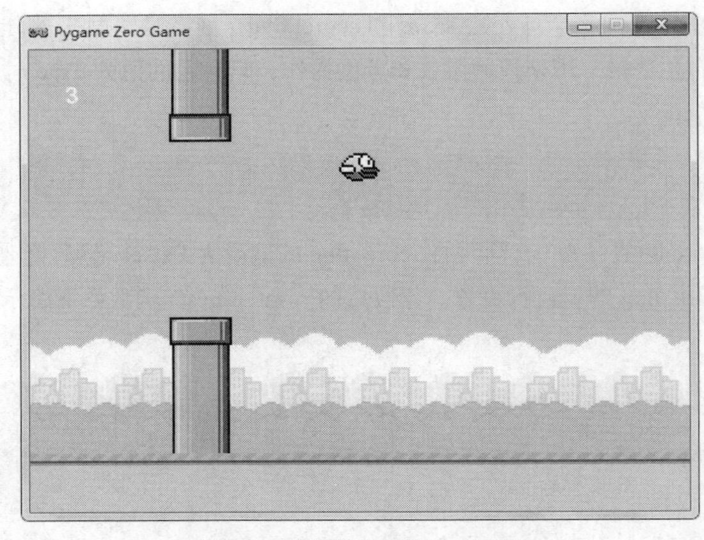


图 7.9　添加积分后的游戏画面

## 7.5 设计图形用户界面

至此游戏的基本功能已经实现了，但还可以更进一步，把游戏的功能设计得更加完善。那什么地方还能继续完善呢？如果对比市面上发行的 Flappy Bird 游戏，不难发现目前的游戏缺少一个初始界面，其中包含了游戏标题、开始按钮、游戏提示等基本元素。这个初始界面就是通常所说的图形用户界面（Graphical User Interface，GUI），它往往由一些文字或图像的元素组成，用来显示游戏的基本信息，或者提供一些游戏设置的选项。图形用户界面建立了玩家与游戏之间的沟通渠道，使得玩家能够快速方便地了解及操作游戏。

接下来为游戏设计图形用户界面。

### 7.5.1 显示 GUI 图像

我们事先准备了一些图片文件用来表示 GUI 中的图像元素，它们分别是：flappybird_title.png，用来显示游戏的标题；flappybird_get_ready.png，用来显示游戏的操作提示；flappybird_start_button.png，用来作为游戏的开始按钮；flappybird_game_over.png，用来显示游戏的结束信息。然后可以使用上述图片来创建 GUI 角色，并将它们显示在游戏窗口中。在程序中加入如下代码：

```
gui_title = Actor("flappybird_title", (WIDTH // 2, 72))
gui_ready = Actor("flappybird_get_ready", (WIDTH // 2, 204 ))
gui_start = Actor("flappybird_start_button", (WIDTH // 2, 345))
gui_over = Actor("flappybird_game_over",(WIDTH // 2, HEIGHT // 2))
```

可以看到，上述代码在创建各个 GUI 角色时为其指定了初始位置，事实上参数中的坐标值并没有什么特殊的含义，可以根据实际的显示效果进行调整。

由于图形用户界面需要在游戏开始运行之前显示，因此还要对游戏的状态进行标记，以便确定何时显示 GUI 角色。在程序开头定义一个全局布尔变量 started，用来表示游戏是否开始，代码如下所示：

```
started = False
```

代码将 started 的初始值设为 False，表示游戏尚未开始的状态。

接着修改 draw() 函数，在其中加入显示 GUI 角色的代码。修改后的 draw() 函数如下所示（粗体部分表示新添加的代码）：

```
def draw():
    for backimage in backgrounds:
        backimage.draw()
    if not started:
```

```
        gui_title.draw()
        gui_ready.draw()
        gui_start.draw()
        return
    pipe_top.draw()
    pipe_bottom.draw()
    ground.draw()
    bird.draw()
    screen.draw.text(str(score), topleft=(30, 30), fontsize=30)
    if bird.dead:
        gui_over.draw()
```

可以看到，在 draw() 函数中插入了两段代码，一段放在显示背景图像的语句之后，它检查全局变量 started 的值，若为 False 说明游戏尚未开始，于是分别显示游戏标题、操作提示及开始按钮的 GUI 图像；另一段代码则放在了最后，它检查小鸟的 dead 属性值，若为 True 说明小鸟撞上了地面或水管，于是显示游戏结束的 GUI 图像。

现在运行游戏，可以看到窗口中显示了图形用户界面，如图 7.10 所示。

图 7.10　游戏的图形用户界面

---

**提示：**

由于游戏中角色数量众多，因此要小心它们的显示顺序。倘若显示语句的执行顺序不当，则可能造成错误的遮挡关系。试着改变 draw() 函数中各语句的执行顺序，看看游戏的画面会发生什么改变。

---

### 7.5.2　单击“开始”按钮

观察一下刚刚添加的图形用户界面，可以看到其中有一个“开始”按钮的图像，直觉告诉你这个按钮是有用的。的确如此，需要用它来启动游戏。具体来说，当玩家用鼠标单击该按钮时，游戏便开始运行。

然而这个开始按钮只是看起来像一个按钮，它本质上不过是一幅图像罢了。那又如何让它响应鼠标的单击操作呢？这个问题不难解决。通过获取鼠标单击处的坐标，然后判断鼠标点的坐标是否位于按钮图像的范围之内，若是则说明鼠标单击了开始按钮。

接下来修改 on_mouse_down() 函数，在其中加入单击“开始”按钮的功能。修改后的 on_mouse_down() 函数如下所示：

```
def on_mouse_down(pos):
    global started
    if bird.dead:
        return
    if started:
        bird.vy = FLAP_VELOCITY
        sounds.flap.play()
        return
    if gui_start.collidepoint(pos):
        started = True
        reset_pipes()
```

上述代码有三条 if 语句，第一条 if 语句检查小鸟的 dead 属性，若为 True 说明小鸟撞上地面或水管，于是调用 return 语句返回；若小鸟的 dead 属性为 False，则执行第二条 if 语句，检查全局变量 started 的值，若为 True 说明游戏已经开始，于是执行小鸟飞扬的操作；若 started 的值为 False，则执行第三条 if 语句，并通过按钮的 collidepoint() 方法来检查它是否被单击，若为 True 说明鼠标单击了按钮，于是将 started 的值设为 True，并调用 reset_pipes() 函数生成水管的位置。

### 7.5.3　播放背景音乐

现在游戏已经相当完美了，最后锦上添花，为游戏添加一段背景音乐。在此前的游戏设计中，仅仅播放了动作音效，目的是让游戏及时地对玩家的操作进行反馈，以此增强游戏的交互效果。然而背景音乐是一段比较长的乐曲，它具有特定的旋律，主要用来烘托游戏场景的气氛。那么如何播放背景音乐呢？

事实上利用 Pgzero 库来播放音乐十分简单，因为它提供了一个 music 对象，能够方便地实现音乐的播放及控制功能。这里只需使用 music 对象的两个方法，一个是 play() 方法，用来播放音乐文件；另一个是 stop() 方法，用来停止播放音乐。

我们事先准备了一个音乐文件 flappybird.mp3 作为游戏的背景音乐，然后将其放置在 music 文件夹之下。接着修改 on_mouse_down() 函数，在鼠标单击“开始”按钮后的操作中加入如下一行代码：

```
music.play("flappybird")
```

最后修改 check_collision() 函数，在小鸟碰撞地面及水管后的处理中分别加入下面这行代码：

```
music.stop()
```

现在运行游戏可以发现，当鼠标单击“开始”按钮的同时，紧张刺激的背景音乐便随之响起，玩家将在音乐的激励下斗志昂扬地“投入战斗”。而当小鸟碰到地面或水管的那一刻，背景音乐便会戛然而止，整个游戏世界将重新归于寂静。

## 7.6 回顾与总结

在本章中，我们学习制作了 Flappy Bird 游戏。首先讨论了如何滚动游戏的背景图像，并设法让地面及水管障碍物跟随背景一起移动，同时还介绍了如何随机生成一对水管的高度。然后重点讨论了小鸟角色的操作，一方面通过模拟重力效果实现了它的垂直飞行，另一方面为其播放了飞行时的动画。接着对小鸟与地面及水管的碰撞进行了处理，并实现了游戏积分的功能。最后为游戏添加了图形用户界面，并实现了背景音乐的播放。

本章涉及的 Pgzero 库的新特性总结如表 7.1 所示。

表 7.1　本章涉及的 Pgzero 库的新特性

| Pgzero 特性 | 作 用 描 述 |
|---|---|
| music.play("flappybird") | 播放指定的音乐文件 |
| music.stop() | 停止播放音乐 |

下面给出 Flappy Bird 游戏的完整源程序代码。

```
# Flappy Bird 游戏源代码 flappybird.py
import random
WIDTH = 138 * 4                    # 窗口宽度（由四张背景图片组成）
HEIGHT = 396                       # 窗口高度
GAP = 150                          # 上下水管间的缺口大小
SPEED = 3                          # 场景滚动速度
GRAVITY = 0.2                      # 重力加速度
FLAP_VELOCITY = -5                 # 飞扬时的初始速度
```

```
anim_counter = 0                    # 小鸟动画计数器
score = 0                           # 游戏积分
score_flag = False                  # 得分标记
started = False                     # 游戏开始标记
backgrounds = []                    # 背景图像列表
# 创建五张背景图像角色，用于循环滚动游戏场景
for i in range(5):
    backimage = Actor("flappybird_background", topleft=(i * 138, 0))
    backgrounds.append(backimage)
# 创建地面角色
ground = Actor("flappybird_ground", bottomleft=(0, HEIGHT))
# 创建上下水管角色
pipe_top = Actor("flappybird_top_pipe")
pipe_bottom = Actor("flappybird_bottom_pipe")
# 创建小鸟角色
bird = Actor("flappybird1", (WIDTH // 2, HEIGHT // 2))
bird.dead = False                   # 标记小鸟是否存活
bird.vy = 0                         # 设置小鸟垂直速度
# 创建 GUI 角色
gui_title = Actor("flappybird_title", (WIDTH // 2, 72))
gui_ready = Actor("flappybird_get_ready", (WIDTH // 2, 204 ))
gui_start = Actor("flappybird_start_button", (WIDTH // 2, 345))
gui_over = Actor("flappybird_game_over",(WIDTH // 2, HEIGHT // 2))

# 游戏逻辑更新
def update():
    if not started or bird.dead:
        return
    update_background()
    update_ground()
    update_pipes()
    fly()
    animation()
    check_collision()

# 绘制游戏角色
def draw():
    screen.fill((255, 255, 255))
    for backimage in backgrounds:
        backimage.draw()
    if not started:
        gui_title.draw()
        gui_ready.draw()
        gui_start.draw()
        return
    pipe_top.draw()
    pipe_bottom.draw()
    ground.draw()
    bird.draw()
    screen.draw.text(str(score), topleft=(30, 30), fontsize=30)
```

```
    if bird.dead:
        gui_over.draw()

# 处理鼠标单击事件
def on_mouse_down(pos):
    global started
    if bird.dead:
        return
    if started:
        bird.vy = FLAP_VELOCITY
        sounds.flap.play()
        return
    # 若单击"开始"按钮，初始化游戏
    if gui_start.collidepoint(pos):
        started = True
        reset_pipes()
        music.play("flappybird")

# 更新游戏场景，循环滚动背景图像
def update_background():
    for backimage in backgrounds:
        backimage.x -= SPEED
        if backimage.right <= 0:
            backimage.left = WIDTH

# 更新地面角色
def update_ground():
    ground.x -= SPEED
    if ground.right < WIDTH:
        ground.left = 0

# 更新水管角色
def update_pipes():
    pipe_top.x -= SPEED
    pipe_bottom.x -= SPEED
    if pipe_top.right < 0:
        reset_pipes()

# 重新设置上下水管出现的位置
def reset_pipes():
    global score_flag
    score_flag = True
    # 随机生成上方水管的垂直位置
    pipe_top.bottom = random.randint(50, 150)
    # 根据上方水管的垂直位置来设置下方水管的垂直位置
    pipe_bottom.top = pipe_top.bottom + GAP
    # 设置上下水管的水平位置
    pipe_top.left = WIDTH
    pipe_bottom.left = WIDTH
```

```
# 控制小鸟飞行
def fly():
    global score, score_flag
    # 当小鸟越过水管，则分数加1
    if score_flag and bird.x > pipe_top.right:
        score += 1
        score_flag = False
    # 更新小鸟坐标
    bird.vy += GRAVITY
    bird.y += bird.vy
    # 防止小鸟飞出窗口上边界
    if bird.top < 0:
        bird.top = 0

# 播放小鸟飞行的动画
def animation():
    global anim_counter
    anim_counter += 1
    if anim_counter == 2:
        bird.image = "flappybird1"
    elif anim_counter == 4:
        bird.image = "flappybird2"
    elif anim_counter == 6:
        bird.image = "flappybird3"
    elif anim_counter == 8:
        bird.image = "flappybird2"
        anim_counter = 0

# 小鸟与水管和地面的碰撞检测
def check_collision():
    if bird.colliderect(pipe_top) or bird.colliderect(pipe_bottom):
        sounds.collide.play()
        music.stop()
        bird.dead = True
    elif bird.colliderect(ground):
        sounds.fall.play()
        music.stop()
        bird.dead = True
```

# 第 8 章 实现复杂的移动：飞机大战

本章来制作一款曾经在微信上非常流行的飞机大战游戏。在这款游戏中，玩家将操作英雄战机来射击敌机，而敌机则会源源不断地出现并试图冲撞战机。我们将使用之前游戏中学到的技能来完成这款游戏，例如背景滚动、角色动画、碰撞检测、定时器等。除此之外，还将详细介绍如何为敌机设置缓动功能，并且学习如何使用三角函数来计算子弹的移动坐标，从而让游戏角色呈现出复杂的移动效果。

本章主要涉及如下知识点：

- 自动创建角色
- 设置缓动效果
- 使用三角函数
- 实现无敌状态
- 显示 HUD

## 8.1 创建游戏场景

### 8.1.1 设置背景图像

首先为游戏创建角色活动的场景，这里采用与 Flappy Bird 游戏设计中类似的做法，即让滚动显示的图像作为游戏场景的背景。只不过 Flappy Bird 游戏的背景是从右到左水平滚动，而飞机大战游戏则被设计为垂直滚动，即背景图像自上而下地进行滚动。我们事先准备了一张图片 warplanes_background.png，用来作为游戏的背景图像，它的尺寸为 480×800 像素。由于背景采用的是垂直滚动，因此要让游戏窗口的宽度与背景图像的宽度保持一致。于是可以在程序的开头编写如下代码：

```
WIDTH = 480
HEIGHT = 680
```

可以看到，常量 WIDTH 的值被设为背景图像的宽度值，而 HEIGHT 的值则稍微比图像的高度值小一点，这是为了防止窗口被拉得太长，从而影响游戏显示效果。

通过前面的学习我们知道，若要实现背景的循环滚动，则需要多准备一幅图像作为后备，以便滚动背景时图像能够连贯地显示出来。为此可以创建两个背景角色，并将它们统一保存到列表中。接下来在程序中添加如下代码：

```
backgrounds = []
backgrounds.append(Actor("warplanes_background", topleft=(0, 0)))
backgrounds.append(Actor("warplanes_background", bottomleft=(0, 0)))
```

上述代码首先定义了一个背景列表 backgrounds，然后分别创建了两个背景角色，并将它们加入到列表中。注意这两个角色的初始位置，它们彼此紧靠，并分列窗口上边界的上方和下方。

最后在 draw() 函数中编写代码，以便将背景图像显示出来。draw() 函数的代码如下所示：

```
def draw():
    for backimgae in backgrounds:
        backimgae.draw()
```

运行一下游戏，可以看到窗口中显示了如图 8.1 所示的背景图像。

图 8.1　飞机大战的游戏场景

### 8.1.2 滚动背景图像

接下来设法让游戏背景滚动起来。类似于 Flappy Bird 游戏中的做法，可以让背景图像持续地移动，当它移出窗口边界时再让它从窗口的另一边移进来。由于飞机大战游戏采取的是垂直滚动，因此让背景向下方移动。在程序中定义一个 update_background() 函数用来滚动背景图像，代码如下所示：

```
def update_background():
    for backimage in backgrounds:
        backimage.y += 2
        if backimage.top > HEIGHT:
            backimage.bottom = 0
```

上述代码对 backgrounds 列表中保存的两个背景角色执行相同的操作，即首先将它的 y 属性值增加 2 个单位，以使其向下移动。然后判断它的 top 属性值是否大于 HEIGHT 的值，若是，则说明角色的上边缘超出了窗口的下边界，于是将角色的 bottom 属性值设为 0，以使其下边缘紧挨着窗口的上边界放置。

接着为 update() 函数编写代码，在其中调用 update_background() 函数来执行背景滚动的操作。代码如下所示：

```
def update():
    update_background()
```

再次运行游戏，你会看到背景图像开始持续不断地滚动。

## 8.2 添加英雄战机

### 8.2.1 控制战机移动

创建好了游戏场景，接下来添加游戏角色，这次让游戏的主角首先登场。在飞机大战游戏中，玩家将操纵一架英雄战机进行战斗。为此我们准备了一张图片 warplanes_hero1.png 用来表示战机，接着使用该图片来创建战机角色。在程序中加入如下代码：

```
hero = Actor("warplanes_hero1", midbottom=(WIDTH // 2, HEIGHT - 50))
hero.speed = 5
```

这行代码创建了一个战机角色 hero，并通过 midbottom 参数将它的坐标定位在窗口下方的正中央。同时还为战机定义了一个 speed 属性，便于接下来对它进行移动操作。

接着修改 draw() 函数，在其中加入显示战机的代码，如下所示：

```
hero.draw()
```

现在运行游戏可以看到战机的图像，但是战机还不能移动。于是再定义一个 update_hero() 函数来实现战机的移动，并在 update() 函数中调用该函数来执行。update_hero() 函数的代码如下所示：

```
def update_hero():
    if keyboard.right:
        hero.x += hero.speed
    elif keyboard.left:
        hero.x -= hero.speed
    if keyboard.down:
        hero.y += hero.speed
    elif keyboard.up:
        hero.y -= hero.speed
    if hero.left < 0:
        hero.left = 0
    elif hero.right > WIDTH:
        hero.right = WIDTH
    if hero.top < 0:
        hero.top = 0
    elif hero.bottom > HEIGHT:
        hero.bottom = HEIGHT
```

不难看出，上述代码主要执行两个功能，一是检查键盘的方向键是否按下，以此来控制战机朝相应的方向移动；二是对战机超出窗口边界的情况进行判定和处理，从而将战机的移动限制在窗口范围之内。

再次运行游戏，测试一下能否使用键盘的方向键来控制飞机，使其朝上、下、左、右四个方向进行移动。

### 8.2.2 播放战机动画

类似于 Flappy Bird 游戏中的做法，可以为战机播放角色动画，从而增强游戏的视觉效果。为此又为战机准备了一张图片 warplanes_hero2.png，用来与战机本身的图像进行交替显示。为了控制图像切换的速度，需要为战机新定义一个 animcount 属性，用来保存图像计数。在创建战机的语句后面加入下面一行代码：

```
hero.animcount = 0
```

接下来修改 update_hero() 函数，在其中加入播放战机动画的操作。

**提示：**

目前 update_hero() 函数已经很长，并且其中都是控制战机移动的代码。若是直接加入播放动画的代码，update_hero() 函数的长度将会进一步增加，同时函数的功能将变得混杂不清，从而对程序的可读性造成很大的影响。因此不妨考虑对程序进行重构。

首先定义一个 move_hero() 函数，用来统一放置战机移动的代码。然后在 update_hero() 函数中来调用 move_hero() 函数，同时加入播放战机动画的代码。重构后的 update_hero() 函数如下所示：

```
def update_hero():
    move_hero()
    hero.animcount = (hero.animcount + 1) % 20
    if hero.animcount == 0:
        hero.image = "warplanes_hero1"
    elif hero.animcount == 10:
        hero.image = "warplanes_hero2"
```

为了让图像的切换显得比较合理，代码首先将战机的 animcount 属性值加 1，并对 20 取模，从而将该值控制在 0 ～ 20。然后对 animcount 的值进行判断，当该值等于 0 时，便将战机的 image 属性设为第一幅图像；当该值等于 10 时，则将 image 属性设为第二幅图像。这样一来，当 animcount 值为 0 ～ 9 时，战机显示第一幅图像，而 animcount 值为 10 ～ 19 时，则切换到第二幅图像。这就意味着，每一幅图像要显示 10 次后才会发生切换，这就有效地减缓了图像切换的速度。

现在运行游戏，便可以看到战机一边移动一边播放动画，感觉是不是很逼真呢？添加战机后的游戏画面如图 8.2 所示。

图 8.2　添加战机后的游戏画面

**练习：**

试着对上面的代码进行修改，看看怎样才能加快或减慢动画的播放速度。

## 8.3 添加子弹

### 8.3.1 实现子弹射击

现在战机能够在太空中自由移动了，可是它还不具备攻击力，接下来为战机添加子弹。为此准备了一个图片文件 warplanes_bullet.png，用于创建子弹角色。然而不同于其他角色，子弹不会一开始就出现在游戏场景中，它需要在玩家射击时才出现。因此需要再设置一个按键用于发射子弹，这里使用键盘的空格键。每当玩家按下空格键时，游戏便创建一个子弹角色，并让它从战机的正前方发射出来。

首先在程序开头定义一个列表 bullets，用来保存所有的子弹角色，代码如下所示：

```
bullets = []
```

然后定义一个 shoot() 函数，用来发射子弹。事实上，所谓发射子弹不过是创建子弹的角色，并为其设置初始的坐标。代码如下所示：

```
def shoot():
    sounds.bullet.play()
    bullets.append(Actor("warplanes_bullet", midbottom=(hero.x, hero.top)))
```

上述代码首先播放子弹射击的音效文件 bullet.wav，然后使用子弹图片来创建子弹的角色，并将它加入子弹列表中。同时通过设定 midbottom 参数，将子弹的初始位置设定在战机角色的正上方，从而看上去子弹就像是从机身中发射出来的。

接下来对键盘按键进行处理，以便在玩家按下空格键时执行子弹发射的操作。与此同时，我们希望子弹不要发射得太频繁，而是间隔一段时间发射一次。因此可以考虑借助之前游戏中使用的定时器对象。修改 move_hero() 函数，在其中加入对键盘空格键的处理代码，如下所示：

```
if keyboard.space:
    clock.schedule_unique(shoot, 0.1)
```

代码对键盘对象 keyboard 的 space 属性值进行检查，若它的值为 True，表示玩家按下了空格键，于是调用定时器 clock 的 schedule_unique() 方法来执行发射子弹的操作。可以看到，我们将刚才定义的 shoot() 函数的名称传递给它，同时将延迟的时间设定为 0.1 秒。这样一来，子弹至少要隔 0.1 秒才会发射一次。

---

**说明：**

schedule_unique() 方法与之前学过的 schedule() 方法作用相似，都是用来延迟操作的时间，但是后者会在等待的这段时间内重复接受新的延迟命令。倘若使用 schedule() 方法来发射子弹，则当玩家持续按下空格键时，子弹会源源不断地发射出来。因此这里使用 clock 的另一个方法 schedule_unique()，它在等待操作的时间内不会接受新的延迟命令，从而可以达到所希望的效果。

---

当子弹发射出来后，要让它进行移动。由于场景是自上而下滚动的，因此让子弹向窗口的上方移动。为此再定义一个 update_bullets() 函数用来移动子弹，同时在 update() 函数中调用该函数来执行。update_bullets() 函数的代码如下所示：

```
def update_bullets():
    for bullet in bullets:
        bullet.y -= 10
        if bullet.bottom < 0:
            bullets.remove(bullet)
```

上述代码对子弹列表 bullets 进行遍历，对于其中的每个子弹角色，首先减少它的 y 属性值，以使其向上移动。然后检查它的 bottom 属性值是否小于 0，若是则说明子弹飞出了窗口的上边界，于是将子弹从列表中移除。

最后修改 draw() 函数，加入显示子弹的代码，如下所示：

```
for bullet in bullets:
    bullet.draw()
```

运行游戏测试一下，看看按下空格键可不可以发射子弹。

### 8.3.2 设置增强道具

不难看出，目前战机发射的子弹仅仅是竖直向上移动，涉及的攻击范围较小，因而杀伤力十分有限。事实上，在射击类的游戏中，往往会以道具的形式来增强玩家的攻击力。具体来说，游戏中会随机地产生一些道具，而当玩家获取道具后便能提升攻击能力，例如增加子弹的数量，增强子弹的威力，或是改变子弹的种类等。

我们也可采取类似的做法，为游戏设计一个增强道具，当战机获取后便可提升攻击力。由于目前战机的攻击范围较小，因此可以考虑增加子弹的数量，以此扩大攻击时所覆盖的区域，从而提升战机的攻击能力。与此同时，也要对增强道具的效力进行限制，一方面要避免道具出现得太频繁，另一方面又要防止道具的作用时间太长，因为这些都会使游戏变得太简单而失去挑战性。

首先准备一张图片 warplanes_powerup.png，用来创建增强道具角色。然后在程序开头定义一个列表 powers，用来保存增强道具角色，代码如下：

```
powers = []
```

接下来定义一个 update_powerup() 函数，用来对增强道具进行操作。在其中编写程序来随机生成道具角色，代码如下所示：

```
def update_powerup():
    if random.randint(1, 1000) < 5:
            x = random.randint(50, WIDTH)
            powerup = Actor("warplanes_powerup", bottomright=(x, 0))
            powers.append(powerup)
```

可以看到，上述代码通过随机数来控制道具生成的频率。具体来说，首先随机产生 1 ～ 1000 的某个整数，然后判断其是否小于 5，若是，则创建一个道具角色。这便意味着在每一次游戏循环中，产生增强道具的概率只有千分之五。接着程序再次产生一个随机数 x，在下面创建角色的语句中，它将作为道具的横坐标值被赋给 bottomright 参数。最后将创建好的道具角色 powerup 加入列表 powers 中。

下面要让道具移动起来，同时让玩家的战机能够获取道具。为了标识战机获取道具后的状态，可以为战机新添加一个布尔类型的属性 power，若值为 True 表示获取了增强道具，若值为 False 表示没有获取道具。在创建战机的语句后面加入如下一行代码：

```
hero.power = False
```

然后修改 update_powerup() 函数，在其中加入如下代码：

```
for powerup in powers:
    powerup.y += 2
    if powerup.top > HEIGHT:
        powers.remove(powerup)
    elif powerup.colliderect(hero):
        powers.remove(powerup)
        hero.power = True
        clock.schedule(powerdown, 5.0)
```

上述代码首先增加道具的 y 属性值，以使其向下移动。然后检查它的 top 属性是否大于 HEIGHT 的值，若是，说明道具超出了窗口下边界，于是将它从列表中移除。不难看出，道具采取了最简单的移动方式，即自上而下地移动，这将方便玩家来获取它。接着道具角色调用 colliderect() 方法检查是否与战机发生了碰撞，若是，则将自身从列表 powers 中移除，并将战机的 power 属性设置为 True，同时调用定时器 clock 的 schedule() 方法，用来延迟执行

powerdown() 函数，延迟的时间设置为 5 秒。

这里新定义了一个 powerdown() 函数，它用来取消增强道具的作用效果。代码如下所示：

```
def powerdown():
    hero.power = False
```

该函数的作用很简单，仅仅是将战机的 power 属性值设为 False，表示战机此时处于未获取增强道具的状态，这相当于取消了战机之前获得的增强效果。

---

**提示：**

由此可见，增强道具的作用时间只有 5 秒，战机并不能借助道具来永久地提升攻击力，这就在游戏的趣味性与挑战性之间建立了很好的平衡。

---

最后，需要修改 update() 函数，在其中调用 update_powerup() 函数来执行。同时还要修改 draw() 函数，在其中加入显示增强道具的代码，如下所示：

```
for powerup in powers:
    powerup.draw()
```

再次运行游戏，可以看到窗口中会不时地落下增强道具，玩家可以移动战机来获取它们。然而战机获取道具之后，好像攻击力并没有发生什么改变，仍然只能一颗一颗地发射子弹。接下来提升战机的攻击威力。

### 8.3.3 使用三角函数计算坐标

按照之前的设想，希望通过增加子弹的数量来扩大攻击范围。目前战机每次只能发射一颗子弹，而且子弹是竖直向上移动的，可以考虑射击时再增加两颗子弹，并让它们以指定的角度分别从战机的左、右两侧飞出。为此，在检测到玩家按下空格键后，需要另外创建两个子弹角色，并为其设置初始的坐标及角度值。

首先对 shoot() 函数进行修改，在其中加入如下代码：

```
if hero.power:
    leftbullet = Actor("warplanes_bullet", midbottom=(hero.x, hero.top))
    leftbullet.angle = 15
    bullets.append(leftbullet)
    rightbullet = Actor("warplanes_bullet", midbottom=(hero.x, hero.top))
    rightbullet.angle = -15
    bullets.append(rightbullet)
```

上述代码首先检查战机的 power 属性值，若为 True 说明战机获得了增强道具，于是创建两个子弹角色，将它们的初始位置设定在战机角色的正上方，并分别将它们的 angle 属性设为 15 和 –15，从而让子弹的图像分别逆时针及顺时针偏转 15 度。最后将创建好的两个子弹角色加入列表 bullets 中。

接下来将面临一个棘手的问题，就是如何对子弹进行移动操作。中间那颗子弹的处理很简单，因为它是竖直向上移动的，所以只要减少它的纵坐标即可。然而左、右两颗子弹各有一定的倾斜角度，因此它们实际上做的是斜向移动，而这就意味着子弹的横、纵坐标值都要发生改变。那么如何确定子弹的角度与坐标的关系呢？这里需要用到一点平面解析几何的知识，下面以左侧的子弹为例进行说明。

以子弹图像的中心作为原点建立平面直角坐标系，x 轴的正方向朝右，y 轴的正方向朝上。由于角色图像水平朝右的方向为 0 度，逆时针方向的角度值为正数，顺时针方向的角度值为负数，因此当将子弹的 angle 属性值设为 15，则表示子弹图像的正右方与 x 轴正方向形成了 15 度的夹角，这就相当于将子弹图像逆时针旋转了 15 度。效果如图 8.3 所示。

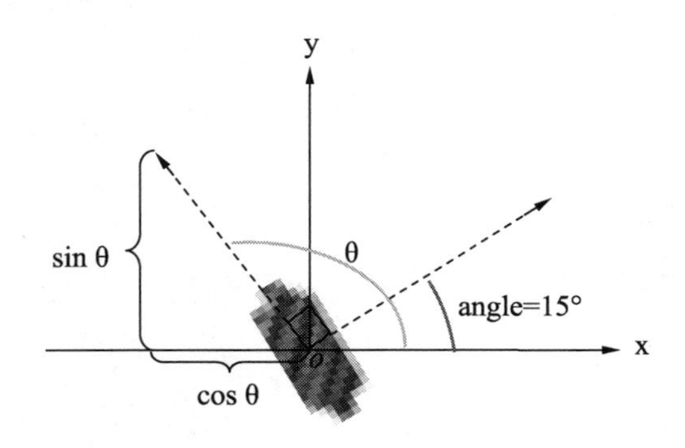


图 8.3　子弹的角度与坐标的关系

倘若要计算子弹向前移动时的横坐标和纵坐标，需要借助三角函数的基本公式。假设子弹每次向前移动一个单位距离，则从图 8.3 中可以清楚地看到，x 坐标将会改变 cos θ 的距离，而 y 坐标则会改变 sin θ 的距离。其中角度 θ 表示子弹图像的正前方与 x 轴正方向的夹角，它的值等于角色的 angle 属性值加上 90。右侧子弹的角度与坐标的关系与此类似。

那么，如何在程序中编写三角函数的计算公式呢？不用担心，Python 提供了一个非常有用的 math 库，其中包含了很多函数来实现常用的数学公式。

---

**说明：**

这里主要使用 math 库中的两个函数，一个是 cos() 函数，用来求余弦值；另一个是 sin() 函数，用来求正弦值。此外，由于以上两个函数只接受弧度值作为参数，而子弹的 angle 属性保存的却是角度值，因此这里还需要用到 math 库中的 radians() 函数，以便将角度值转换为弧度值。

---

接下来对 update_bullets() 函数进行修改，通过三角函数公式来计算子弹的坐标。修改后的 update_bullets() 函数如下所示：

```
def update_bullets():
    for bullet in bullets:
        theta = math.radians(bullet.angle + 90)
        bullet.x += 10 * math.cos(theta)
        bullet.y -= 10 * math.sin(theta)
        if bullet.bottom < 0:
            bullets.remove(bullet)
```

上述代码对列表 bullets 进行遍历，对其中的每个子弹角色来分别计算坐标。首先将子弹的 angle 属性值加上 90，并转换为弧度值后保存在 theta 变量中。然后计算子弹的横坐标。我们调用 cos() 函数求出 theta 的余弦值，并将其累加给子弹的 x 属性。不过要注意的是，设定子弹每次向前移动 10 个单位距离，因此要将余弦值乘以 10 后再进行累加。接下来计算子弹的纵坐标。由于窗口坐标系的 y 轴正方向是朝下的，因此要将子弹的 y 属性值减去 theta 的正弦值与 10 之积。

---

**提示：**

因为上述代码使用了 math 库中的函数，所以要记得在程序开头的 import 语句中导入 math 库。

---

现在运行游戏，试着让战机接住下落的增强道具，然后看看战机发射的子弹有何不同？可以看到，此时子弹将会呈现出如图 8.4 所示的散射效果。这真是太酷了！

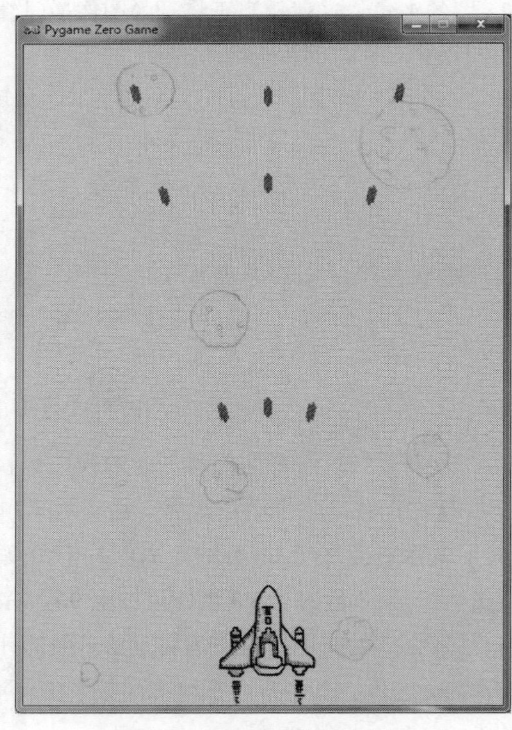

图 8.4　增强的子弹射击效果

# 8.4 添加敌机

## 8.4.1 设置缓动效果

我们创建了战机，并让它能够发射子弹来攻击，可目前游戏中还没有攻击的目标。接下来要在游戏场景中添加敌机角色，它们会不断地对玩家控制的战机进行冲撞，而战机则可以发射子弹来消灭它们。

需要注意的是，敌机的出场方式与战机和子弹都不相同，它既不像战机那样始终存在于游戏场景中，也不同于子弹那般由射击操作而产生，敌机是源源不断地涌现出来的，它们从游戏窗口的顶端飞进来，然后从底端飞出去。这就意味着游戏在运行过程中要不断地创建敌机角色。

而为了使游戏富于变化，要设法让敌机之间有所差异。这可以从两个方面来考虑：一方面可以设置不同的敌机种类，而每种敌机具有独特的外观，这是从形象上来制造差异；另一方面可以为各个敌机设置不同的移动轨迹，从而在运动形式上进行区分。前者很好解决，只需准备不同外观的敌机图片，然后分别用它们来创建敌机角色。后者的处理就没有那么简单，想要让敌机具有不同的运动形式，仅仅靠目前学到的技能还不足以实现。然而也不用气馁，Pgzero 库提供了强大的缓动功能，能够快速方便地替我们完成愿望。

---

**说明：**

所谓缓动是指角色的一种平滑移动。换句话说，角色的移动速度不只是匀速的，可以由快到慢或者由慢到快地进行变化；移动的轨迹也不一定是直线，可以是弧线或是曲线。缓动效果可以让角色的移动看起来更流畅、更自然，也使得移动的形式更加复杂多变。

---

Pgzero 库提供了一个 animate() 函数，专门用来对角色执行缓动操作。在调用该函数时，将角色的名字作为参数传递给它，同时传入目标位置的坐标值，于是该函数便会在角色的初始位置到目标位置之间实施缓动操作。事实上，animate() 函数还有两个默认参数，一个是 duration，表示缓动持续的时间，默认值为 1 秒；另一个是 tween，表示缓动的类型，默认值是 linear，表示匀速直线运动。此外，Pgzero 还定义了 tween 参数的其他取值，它们都是以字符串的形式来表示的。表 8.1 列举了 tween 参数所有可能的取值。

表 8.1 tween 参数所有可能的取值

| 缓动类型 | 效果说明 |
|---|---|
| linear | 匀速直线运动，速度始终保持不变 |
| accelerate | 加速运动，起初较慢，速度越来越快 |
| decelerate | 减速运动，起初较快，速度越来越慢 |
| accel_decel | 起初做加速运动，中途改为减速运动 |
| in_elastic | 移动到目标位置后产生轻微摇晃 |
| out_elastic | 在初始位置轻微摇晃后开始移动 |
| in_out_elastic | 在初始位置和目标位置都产生轻微摇晃 |
| bounce_end | 移动到目标位置后发生反弹 |
| bounce_start | 在初始位置反弹后开始移动 |
| bounce_start_end | 在初始位置和目标位置都发生反弹 |

可以看到，Pgzero 支持的缓动类型还是非常丰富的，可以充分利用它们来为角色生成不同的运动形式。而为了体现角色之间的差异，考虑将缓动效果与随机数结合起来。具体来说，可以先随机地生成角色的初始位置、目标位置、缓动类型及持续时间，然后再调用 animate() 函数执行缓动操作，从而形成千变万化的角色移动效果。

为此，首先在程序开头定义一个列表 tweens，用来保存所有的缓动类型字符串。同时定义列表 enemies，用来保存所有的敌机角色。代码如下所示：

```
tweens = ["linear", "accelerate", "decelerate","accel_decel", \
          "in_elastic", "out_elastic", "in_out_elastic", \
          "bounce_end", "bounce_start", "bounce_start_end"]
enemies = []
```

接下来定义一个 spawn_enemy() 函数，用来创建敌机并设置缓动效果。代码如下所示：

```
def spawn_enemy():
    origin_x = random.randint(50, WIDTH)
    target_x = random.randint(50, WIDTH)
    tn = random.choice(tweens)
    dn = random.randint(3, 6)
    enemy = Actor("warplanes_enemy1", bottomright=(origin_x, 0))
    if random.randint(1, 100) < 20:
        enemy.image = "warplanes_enemy2"
    enemies.append(enemy)
    animate(enemy, tween=tn, duration=dn, topright=(target_x, HEIGHT))
```

上述代码首先通过随机函数随机生成敌机的初始位置和目标位置。由于敌机要从窗口顶端自上而下地飞出窗口底端，因此它们初始位置的纵坐标都为 0，而目标位置的纵坐标都为 HEIGHT。于是只需要随机生成敌机的初始位置及目标位置的横坐标值，分别用变量 origin_x 和 target_x 进行保存。

接下来调用 random 库的 choice() 函数，从列表 tweens 中随机选择一个缓动类型字符串，并赋给变量 tn。然后又随机地生成 3 ～ 6 的一个整数，将其作为缓动时间保存在变量 dn 中。

接着使用图片文件 warplanes_enemy1.png 创建一个敌机角色，并用随机生成的 origin_x 值作为它的初始横坐标。同时随机地设置敌机的 image 属性，使得敌机有 20% 的概率切换为另一幅飞机图片 warplanes_enemy2.png。

最后将创建好的角色加入敌机列表 enemies 中，并随即调用 animate() 函数对敌机执行缓动操作。

现在定义好了 spawn_enemy() 函数，但随之而来的问题是如何调用该函数来执行。由于游戏规则要求敌机连续不断地自动产生，那是否意味着 spawn_enemy() 函数要像此前定义的其他函数一样，直接放在 update() 函数中进行调用呢？其实也不是不能，只是倘若这样做，敌机会产生得太多太快，因为 update() 函数执行的速度很快。我们希望能设定敌机产生的频率，使得敌机间隔一小段时间出现，以便将游戏难度控制在合理的范围之内。而这可以借助 Pgzero 提供的定时器对象 clock 来实现。

---

**说明：**

之前已经使用过 clock 对象的 schedule() 方法和 schedule_unique() 方法，现在则需要用到它的 schedule_interval() 方法，用来周期性地重复执行某个操作。该方法接受两个参数，一个是操作函数的名称，另一个是操作执行的周期（单位为秒）。于是可以在程序中编写一行代码，用来调用 clock 的 schedule_interval() 方法，并将这行代码添加到 spawn_enemy() 函数的后面。新添加的代码如下所示：

```
clock.schedule_interval(spawn_enemy, 1.0)
```

---

可以看到，schedule_interval() 方法的第一个参数为 spawn_enemy() 函数的名字，而第二个参数设置为 1.0，这表明程序每隔 1 秒便会自动执行 spawn_enemy() 函数一次。

---

**提示：**

这行代码千万不要放入 update() 函数中，不然你将会看到十分恐怖的游戏画面！想想这是为什么？

---

最后对 draw() 函数进行修改，加入显示敌机的代码，如下所示：

```
for enemy in enemies:
    enemy.draw()
```

至此终于完成了敌机的创建及设置工作，现在可以运行游戏看看效果。当你看到不同的敌机以不同的方式从天而降，是不是感觉相当酷炫呢？创建敌机后的画面如图 8.5 所示。

图 8.5　创建敌机后的游戏画面

### 8.4.2　敌机与子弹的交互

目前敌机是有了，可它们却是游离在游戏之外的，敌机既不会碰撞到战机，也不会被战机发射的子弹所击中。为了让角色之间能够进行交互，需要对敌机与子弹，以及敌机与战机分别实行碰撞检测。首先来实现敌机与子弹的交互。

根据游戏规则，设定若敌机在移动中碰到战机发射的子弹，则将其从窗口中清除，以表示敌机被战机击毁。同时为了对玩家的操作进行奖励，可以设置游戏积分，并且针对不同类型的敌机给予不同的加分，例如击中小飞机加 100 分，而击中大飞机加 200 分。于是可以给战机新定义一个 score 属性，用来表示击中敌机后的游戏积分。在创建战机的语句后面加入如下一行代码：

```
hero.score = 0
```

接下来定义一个 update_enemy() 函数，用来执行对敌机的各种操作，同时在 update() 函数中调用该函数来执行。update_enemy() 函数的代码如下所示：

```
def update_enemy():
    for enemy in enemies:
        if enemy.top >= HEIGHT:
            enemies.remove(enemy)
            continue
        n = enemy.collidelist(bullets)
        if n != -1:
            enemies.remove(enemy)
            bullets.remove(bullets[n])
            sounds.shooted.play()
            hero.score += 200 if enemy.image == "warplanes_enemy2" \
                                 else 100
```

上述代码对敌机列表 enemies 进行遍历，对于其中的每个敌机角色，首先检查它的 top 属性值是否大于 HEIGHT 的值，若是，则说明敌机超出了窗口下边界，需要将其从列表中移除。然后以子弹列表 bullets 作为参数来调用敌机的 collidelist() 方法，以此判定敌机是否被子弹击中。若该方法的返回值不为 -1，说明敌机被子弹击中，于是将敌机和子弹同时从各自的列表中移除，并播放击中敌机的音效文件 shooted.wav。最后执行一条精简的 if 语句来给战机加分，通过检查敌机的 image 属性，程序便可知道被击中的敌机种类，进而为战机增加相应的积分。

运行游戏测试一下，看看可不可以发射子弹将敌机击毁了呢?

### 8.4.3 敌机与战机的交互

接下来实现敌机与战机的交互。为了简化游戏的编写，没有为敌机设计进攻的武器，只是简单地让敌机通过冲撞战机来制造威胁。而为了降低游戏的难度，可以采用之前游戏中的做法，给战机设置生命值，并规定每当战机被敌机撞到之后，它的生命值要减 1。当生命值减为 0 时，游戏便结束运行。

然而，由于游戏会源源不断地产生敌机，于是可能出现一种情况，就是多架敌机同时撞上战机，这将会使得战机的生命值瞬间耗尽。为了避免发生这样的情况，可以为战机设置一个“无敌”状态，并规定每当战机受到冲撞后，它便进入该状态。

---

**说明：**

“无敌”状态实际上就是一种受保护的状态，在此状态下战机将不会受到持续攻击。

同时还要为“无敌”状态设定一段持续时间，当时间用完后战机将恢复到正常状态，此时它将不再受到保护。

---

为此，需要给战机定义三个新的属性，用来记录生命值以及对无敌状态进行标识。在创建战机的语句后面加入如下代码：

```
hero.live = 5
hero.unattack = False
hero.ukcount = 0
```

在上述代码中，live 属性表示战机的生命值，初值设为 5，表明玩家最多只有 5 次游戏机会；unattack 是布尔类型的属性，用来标记无敌状态，值为 True 表示战机为无敌状态，值为 False 表示不是无敌状态；ukcount 属性用来对无敌状态进行计时，当它的值减为 0 时战机便退出无敌状态。

另外，还需要定义一个全局变量 gameover，用来表示游戏是否结束的状态。在程序的开头加入如下一行代码：

```
gameover = False
```

然后修改 update_enemy() 函数，在其中加入敌机与战机的碰撞检测代码，如下所示：

```
if enemy.colliderect(hero) and not hero.unattack:
    hero.live -= 1
    if hero.live > 0:
        hero.unattack = True
        hero.ukcount = 100
        enemies.remove(enemy)
        sounds.shooted.play()
    else:
        sounds.gameover.play()
        gameover = True
```

上述代码调用敌机的 colliderect() 方法来判断它是否与战机发生碰撞，若该方法的返回值为 True，说明敌机撞上了战机；同时若判断战机的 unattack 属性不为 True，表示战机不是无敌状态，于是将战机的生命值减 1。然后进一步对生命值进行判断，若生命值大于 0，说明游戏尚未结束，于是将战机的 unattack 属性值设为 True，表示敌机进入无敌状态。同时将战机的 ukcount 属性值设为 100，用来对无敌状态进行计时。接着将敌机从列表中移除，并播放碰撞的音效。假如战机被冲撞后生命值减为 0，则播放游戏结束的音效，并将全局变量 gameover 设为 True，表示游戏此时为结束状态。

接着修改 update_hero() 函数，实现对无敌状态的计时，以便战机能及时恢复到正常状态。新添加的代码如下所示：

```
if hero.unattack:
    hero.ukcount -= 1
    if hero.ukcount <= 0:
        hero.unattack = False
        hero.ukcount = 100
```

上述代码首先检查战机的 unattack 属性是否为 True，若是说明战机为无敌状态，于是将它的 ukcount 属性值减 1。接着进一步对 ukcount 的值进行判断，若该值减少为 0，则将战机的 unattack 属性值设为 False，表明战机退出无敌状态，同时将它的 ukcount 属性值重新设为 100。

最后修改 update() 函数，以便游戏结束后能够停止产生敌机。修改后的 update() 函数如下所示：

```
def update():
    if gameover:
        clock.unschedule(spawn_enemy)
        return
    update_background()
    update_hero()
    update_bullets()
    update_powerup()
    update_enemy()
```

可以看到，上述代码首先对全局变量 gameover 的值进行检查，若该值为 True，说明游戏要停止运行，于是调用 clock 的 unschedule() 方法来中止 spawn_enemy() 函数的执行，这意味着游戏将不再自动地生成敌机。接着程序调用 return 语句直接返回，因而 update() 函数中剩余的其他语句都不会被执行，于是游戏结束。

---

**提示：**

游戏结束并不代表游戏的程序中止了，实际上只是让游戏停止了逻辑更新的操作，而显示的操作仍然在持续进行。

---

现在运行游戏可以看到，当敌机撞上战机时游戏并不会马上结束，而只有当战机被冲撞 5 次后游戏才会停止运行。此外，战机也不再遭受持续撞击，当多架敌机同时冲向战机时，只有一架被撞毁，而其余的则径直从战机之上“穿越”过去。然而目前存在的问题是，玩家无法知道战机何时退出无敌状态，因为从游戏画面上根本看不出战机处于何种状态，游戏并没有给玩家提供一个清晰且直观的视觉反馈，这将会对游戏的可玩性造成不利影响。

为此需要对游戏的显示效果进行一点改进，以便直观地呈现出战机的无敌状态。不妨借鉴许多经典游戏中的做法，通过角色图像的“闪烁”效果来表现其遭受攻击时的状态。那如何让图像产生“闪烁”的效果呢？

---

**说明：**

事实上，所谓图像的闪烁，就是不让图像一直显示出来，而是每隔几次游戏循环便将其“隐藏”一下。这样当游戏持续运行时，图像便会呈现出一闪一闪的显示效果。

---

接下来定义 draw_hero() 函数，用来表现战机在无敌状态时的闪烁效果，代码如下所示：

```
def draw_hero():
    if hero.unattack:
        if hero.ukcount % 5 == 0:
            return
    hero.draw()
```

上述代码利用了战机的 ukcount 属性值来实现闪烁。具体来说，当战机处于无敌状态时，用它的 ukcount 值对 5 执行取余操作，若结果为 0，则调用 return 语句返回，此时不再执行战机的 draw() 方法，相当于将战机的图像“隐藏”起来。不难看出，每当战机的 ukcount 属性值变为 5 的整数倍时，战机将不会显示出来，这就意味着每隔 4 次游戏循环便将战机的图像“隐藏”一次。

最后修改 draw() 函数，在其中调用 draw_hero() 函数来实现闪烁效果，同时添加游戏结束图像的显示代码。修改后的 draw() 函数如下所示：

```
def draw():
    if gameover:
        screen.blit("warplanes_gameover", (0, 0))
        return
    for backimgae in backgrounds:
        backimgae.draw()
    for enemy in enemies:
        enemy.draw()
    for powerup in powers:
        powerup.draw()
    for bullet in bullets:
        bullet.draw()
    draw_hero()
```

可以看到，当全局变量 gameover 的值为 True 时，程序会调用 screen 对象的 blit() 方法，将图片文件 warplanes_gameover.png 作为游戏结束时的图像显示出来。

再次运行游戏，看看当战机遭受敌机的撞击后，是不是会呈现出图像闪烁的无敌效果呢？

**练习：**

试着对程序进行修改，想想怎样能够延长战机的无敌时间，以及如何让战机闪烁得更加频繁一些。

## 8.5 完善游戏效果

### 8.5.1 设置 HUD

至此实现了游戏的主要功能，目前剩余的工作是将战机的积分及生命值显示出来。事实上，除了积分和生命值，一切显示在游戏窗口中的重要信息都可统称为 HUD。

**说明：**

HUD 是 Head Up Display 的缩写，它的本意是抬头显示设备。这是一个从军事领域起源的技术，可以把一些重要的战术信息显示在正常观察方向的视野范围内，而同时又不会影响对于环境的注意，也不用总是转移视线去专门观察仪表板上的那些指针和数据。游戏设计借鉴了这个概念，把游戏相关的信息以类似 HUD 的方式显示在游戏画面上，让玩家可以随时了解那些最重要、最相关的内容。

在前几章的游戏设计中，其实都讨论过如何对 HUD 进行设置及显示，例如游戏积分、生命值及倒计时等。不过之前仅仅是以文本的形式进行显示，而且采用的是程序默认的字体和颜色。现在要对 HUD 的显示效果做一点改善。

一方面，对于战机的生命值来说，不再使用文字的形式来显示生命值的数字，而是使用图像的方式来呈现，这样会让生命值显得更加直观。为此准备了图片文件 warplanes_live.png，用来表示战机的生命图像，而游戏将根据战机的生命值来显示相应数量的生命图像。

另一方面，对于战机的积分，仍然采用文本的形式进行显示，但是要对字体做出一些改变，以便让积分显示更符合游戏的整体风格。此为准备了字体文件 marker_felt.ttf，并将其放置在 fonts 文件夹之下。

接下来定义一个 draw_hud() 函数来设置游戏的 HUD，并在 draw() 函数中调用该函数进行显示。代码如下所示：

```
def draw_hud():
    for i in range(hero.live):
```

```
            screen.blit("warplanes_live", (i * 35, HEIGHT - 35))
        screen.draw.text(str(hero.score), topleft=(20, 20),
                        fontname="marker_felt", fontsize=25)
```

上述代码首先循环地调用 screen.blit() 方法来绘制生命图像，而循环的次数则由战机的 live 属性值来决定。如此一来，游戏窗口左下角便会显示出一排生命图像，而每当玩家失去一条生命时，显示的生命图像便会随之减少一幅。

程序接着调用 screen.draw.text() 方法来绘制分数字符串，同时通过 fontname 参数来设置分数的字体，而参数所指定的正是之前放入 fonts 文件夹中的字体文件。

现在运行游戏，可以看到设置 HUD 后的游戏画面如图 8.6 所示。

图 8.6　设置 HUD 后的游戏画面

## 8.5.2　播放背景音乐

为了让游戏效果更加完美，最后给游戏添加背景音乐。如同 Flappy Bird 游戏设计中采取的做法，只需要事先准备一个音乐文件，然后借助 music 对象进行播放即可。这里准备了一个 warplanes.mp3 音乐文件，并将其放入 music 文件夹中。然后在程序中加入这样一行代码：

```
music.play("warplanes")
```

如此一来，每当游戏开始运行的时候，激烈的战斗音乐便会随之响起。

---

**提示：**

不要将上面这行代码放入 update() 函数中进行调用，否则音乐将不能正确播放。

---

最后对 update_enemy() 函数进行一点修改，以便游戏结束时停止播放音乐。在判定游戏结束的处理语句中加入如下代码：

```
music.stop()
time.sleep(0.5)
```

上述代码首先调用 music 对象的 stop() 方法停止播放音乐，然后调用 time 库的 sleep() 函数来暂停游戏程序 0.5 秒。

---

**说明：**

这样做是为了给游戏留出一点缓冲时间，相当于让画面“定格”半秒钟，以便游戏切换到结束画面时不会显得太突兀。需要注意的是，sleep() 函数和 clock.schedule() 方法的作用并不相同，前者是将整个游戏全部暂停，而后者只是针对某个特定操作进行延迟。

---

至此飞机大战游戏的制作大功告成，好好玩一玩我们自己编写的游戏吧。不妨按照自己的想法大胆地修改程序，相信你能让游戏变得更加酷炫！

## 8.6 回顾与总结

在本章中，我们学习制作了飞机大战游戏。首先创建了游戏场景并使其滚动显示，然后分别添加了战机、子弹及敌机角色。对于战机角色，使用键盘来控制它移动，并实现了它在移动时的动画播放；对于子弹角色，通过设置增强道具来扩大它的攻击范围，并使用三角函数来计算它的移动坐标；对于敌机角色，为其设置了缓动效果，并借助随机数来生成复杂多变的移动形式，还使用了定时器来自动产生敌机。接下来讨论了敌机与子弹及战机的交互，同时实现了战机的无敌效果。最后为游戏设置了 HUD，并添加了背景音乐，从而进一步完善游戏效果。

本章涉及的 Pgzero 库的新特性总结如表 8.2 所示。

表 8.2　本章涉及的 Pgzero 库的新特性

| Pgzero 特性 | 作 用 描 述 |
| --- | --- |
| animate(object, tween, delay, targets) | 执行角色的缓动操作。参数 object 为缓动的角色，tween 为缓动的类型，delay 为缓动持续的时间，targets 为目标位置坐标 |
| clock.schedule_unique(callback, delay) | 根据指定的时间来延迟操作，且在等待时间内不再响应其他延迟操作。callback 参数为操作的函数名，delay 为延迟的时间 |
| clock.schedule_interval(callback, interval) | 根据指定的周期重复地执行操作。callback 参数为操作的函数名，interval 为两次操作的间隔时间 |
| clock.unschedule(callback) | 取消重复执行操作。callback 参数为操作的函数名 |

下面给出飞机大战游戏的完整源程序代码。

```
#飞机大战游戏源代码 warplanes.py
import random, time, math
WIDTH = 480                                          # 屏幕宽度
HEIGHT = 680                                         # 屏幕高度
backgrounds = []                                     # 背景图像列表
backgrounds.append(Actor("warplanes_background", topleft=(0, 0)))
backgrounds.append(Actor("warplanes_background", bottomleft=(0, 0)))
hero = Actor("warplanes_hero1", midbottom=(WIDTH // 2, HEIGHT - 50))
hero.speed = 5                                       # 战机移动速度
hero.animcount = 0                                   # 战机动画计数
hero.power = False                                   # 子弹增强标记
hero.live = 5                                        # 生命值
hero.unattack = False                                # 无敌状态标记
hero.ukcount = 0                                     # 无敌状态计数
hero.score = 0                                       # 游戏积分
gameover = False                                     # 游戏结束标记
enemies = []                                         # 敌机列表
bullets = []                                         # 子弹列表
powers = []                                          # 增强道具列表
# 缓动类型列表
tweens = ["linear", "accelerate", "decelerate","accel_decel", \
          "in_elastic", "out_elastic", "in_out_elastic", \
          "bounce_end", "bounce_start", "bounce_start_end"]

# 创建敌机
def spawn_enemy():
    origin_x = random.randint(50, WIDTH)
    target_x = random.randint(50, WIDTH)
    tn = random.choice(tweens)
    dn = random.randint(3, 6)
    enemy = Actor("warplanes_enemy1", bottomright=(origin_x, 0))
```

```
    if random.randint(1, 100) < 20:
        enemy.image = "warplanes_enemy2"
    enemies.append(enemy)
    # 根据指定的缓动类型来执行缓动操作
    animate(enemy, tween=tn, duration=dn, topright=(target_x, HEIGHT))

# 周期性生成敌机(每 1 秒调用一次创建敌机函数)
clock.schedule_interval(spawn_enemy, 1.0)
music.play("warplanes")

# 更新游戏逻辑
def update():
    if gameover:
        clock.unschedule(spawn_enemy)           # 停止自动生成敌机
        return
    update_background()
    update_hero()
    update_bullets()
    update_powerup()
    update_enemy()

# 绘制游戏场景和角色
def draw():
    if gameover:
        screen.blit("warplanes_gameover", (0, 0))
        return
    for backimgae in backgrounds:
        backimgae.draw()
    for enemy in enemies:
        enemy.draw()
    for powerup in powers:
        powerup.draw()
    for bullet in bullets:
        bullet.draw()
    draw_hud()
    draw_hero()

# 更新游戏场景
def update_background():
    for backimage in backgrounds:
        backimage.y += 2
        if backimage.top > HEIGHT:
            backimage.bottom = 0

# 更新战机
def update_hero():
    move_hero()
    # 播放战机飞行动画
    hero.animcount = (hero.animcount + 1) % 20
    if hero.animcount == 0:
```

```
        hero.image = "warplanes_hero1"
    elif hero.animcount == 10:
        hero.image = "warplanes_hero2"
    # 无敌状态计数
    if hero.unattack:
        hero.ukcount -= 1
        if hero.ukcount <= 0:
            hero.unattack = False
            hero.ukcount = 100

# 移动战机
def move_hero():
    if keyboard.right:
        hero.x += hero.speed
    elif keyboard.left:
        hero.x -= hero.speed
    if keyboard.down:
        hero.y += hero.speed
    elif keyboard.up:
        hero.y -= hero.speed
    if keyboard.space:
        clock.schedule_unique(shoot, 0.1)       # 射击冻结时间为 0.1 秒
    if hero.left < 0:
        hero.left = 0
    elif hero.right > WIDTH:
        hero.right = WIDTH
    if hero.top < 0:
        hero.top = 0
    elif hero.bottom > HEIGHT:
        hero.bottom = HEIGHT

# 子弹射击
def shoot():
    sounds.bullet.play()
    bullets.append(Actor("warplanes_bullet", midbottom=(hero.x, hero.top)))
    # 如果获得增强道具则额外添加两枚子弹
    if hero.power:
        leftbullet = Actor("warplanes_bullet", midbottom=(hero.x, hero.top))
        leftbullet.angle = 15
        bullets.append(leftbullet)
        rightbullet = Actor("warplanes_bullet", midbottom=(hero.x, hero.top))
        rightbullet.angle = -15
        bullets.append(rightbullet)

# 更新子弹
def update_bullets():
    for bullet in bullets:
        theta = math.radians(bullet.angle + 90)
        bullet.x += 10 * math.cos(theta)
        bullet.y -= 10 * math.sin(theta)
```

```
        if bullet.bottom < 0:
            bullets.remove(bullet)

# 更新增强道具
def update_powerup():
    for powerup in powers:
        powerup.y += 2
        if powerup.top > HEIGHT:
            powers.remove(powerup)
        elif powerup.colliderect(hero):
            powers.remove(powerup)
            hero.power = True
            clock.schedule(powerdown, 5.0)      # 5 秒后取消增强效果
    if hero.power or len(powers) != 0:
        return
    # 随机生成增强道具
    if random.randint(1, 1000) < 5:
            x = random.randint(50, WIDTH)
            powerup = Actor("warplanes_powerup", bottomright=(x, 0))
            powers.append(powerup)

# 取消子弹增强效果
def powerdown():
    hero.power = False

# 更新敌机
def update_enemy():
    global gameover
    for enemy in enemies:
        if enemy.top >= HEIGHT:
            enemies.remove(enemy)
            continue
        # 检测是否被子弹击中
        n = enemy.collidelist(bullets)
        if n != -1:
            enemies.remove(enemy)
            bullets.remove(bullets[n])
            sounds.shooted.play()
            hero.score += 200 if enemy.image == "warplanes_enemy2" else 100
        # 检测是否碰撞到战机
        elif enemy.colliderect(hero) and not hero.unattack:
            hero.live -= 1
            if hero.live > 0:
                hero.unattack = True
                hero.ukcount = 100
                enemies.remove(enemy)
                sounds.shooted.play()
            else:
                sounds.gameover.play()
                gameover = True
```

```
                    music.stop()
                    time.sleep(0.5)

# 绘制战机
def draw_hero():
    if hero.unattack:
        if hero.ukcount % 5 == 0:
            return
    hero.draw()

# 绘制生命值图像和游戏积分
def draw_hud():
    for i in range(hero.live):
        screen.blit("warplanes_live", (i * 35, HEIGHT - 35))
    screen.draw.text(str(hero.score), topleft=(20, 20),
                     fontname="marker_felt", fontsize=25)
```

# 第9章 添加多个游戏关卡：推箱子

细心的你可能会发现，之前设计的游戏始终是在一个固定的场景中运行，背景图像、游戏角色以及任务目标都十分单一，这未免让人感觉有些单调。为了解决这样的问题，我们可以为游戏添加多个不同的关卡，通过替换场景的背景图像，更改场景中的游戏角色，以及为场景设置不同的任务目标来提高游戏的趣味性和挑战性。本章中，我们一起制作经典的推箱子游戏，除了使用此前学到的诸多技能，还要学习游戏关卡设计的基本原理和方法，例如设置关卡、加载关卡、切换关卡以及重置关卡等。相信通过本章的学习，你的游戏编程技能库中又将添加新的技能。

本章主要涉及如下知识点：

- ❑ 设置游戏关卡
- ❑ 加载游戏关卡
- ❑ 读取文件信息
- ❑ 切换游戏关卡
- ❑ 重置游戏关卡
- ❑ 程序异常处理

## 9.1 创建场景和角色

### 9.1.1 设置游戏关卡

所谓游戏关卡，就是游戏场景和角色的集合体，关卡设计者通过巧妙地安排场景中各种角色的位置，以及制定它们之间的交互规则，来让游戏充满挑战和乐趣。由于游戏关卡需要为角色提供一个有限的活动空间，因此往往都需要设置清晰的场景边界。此外，游戏关卡还要有特定的任务目标，使得玩家在达成目标后可以切换到新的关卡。

对于推箱子游戏来说，它的关卡设计相对简单，因为不同于一般的动作类游戏，它不需要丰富的背景图像以及复杂的机关和道具，而只需要一个固定的背景，再加上几个基本的角色，便可以形成千变万化的游戏关卡。这是由推箱子游戏的类型特点所决定的。

---

**说明：**

推箱子和其他迷宫类游戏相似，属于“俯视角”类 2D 游戏，即玩家从游戏窗口中所看到的场景就像是从高处向下俯瞰的景象。同时场景的构成也是基于网格结构，即整个场景被划分为大小相同的方格，每个方格中放置一个物体或角色。对于玩家角色来说，只能在网格中移动，即一次要移动一个方格的距离，但由于是俯视角，玩家可以朝上、下、左、右四个方向进行移动。

---

推箱子游戏的规则很简单，玩家需要推动箱子使其移动，并保证将场景中所有的箱子推移到目标位置即可。为了保证游戏正确运行，需要设置几个基本的游戏角色：玩家角色，用来被游戏玩家操作移动；箱子角色，用来被玩家角色推动；目标点角色，用来标识箱子的目标位置；墙壁角色，用来划定游戏场景的边界；地板角色，用于场景的装饰及美化。为此，首先给各个游戏角色准备了对应的图片资源，如图 9.1 所示。

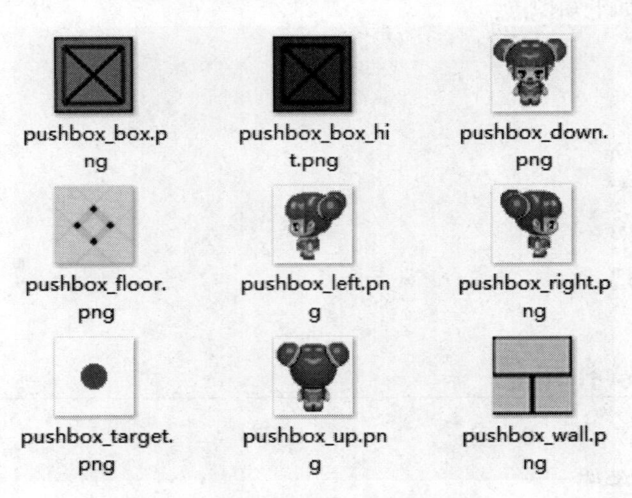


图 9.1　推箱子游戏的角色图片

从图 9.1 中可以看到，墙壁、地板及目标点角色分别对应着图片文件 pushbox_wall.png、pushbox_floor.png 和 pushbox_target.png，而玩家角色却拥有四幅图片文件，箱子角色也涉及两张图片。这是因为玩家需要朝四个不同方向移动，因此每个方向都需要准备一幅图片来显示，pushbox_left.png、pushbox_right.png、pushbox_up.png 和 pushbox_down.png 分别用来显示玩家角色朝左、右、上、下移动时的图像。而箱子使用两张图片是为了区分它是否被推移到目标点上，若箱子位于目标点上则显示图片 pushbox_box_hit.png，否则显示图片 pushbox_box.png。

接下来需要考虑如何安排各个角色出现的位置。在推箱子游戏中，除了玩家角色之外，其他角色都要重复出现多次，若是逐一地手动创建每个角色并为其设置坐标，则显得烦琐且低效。更合适的做法是，事先设计一幅网格形状的“关卡地图”，其中用数字来标记各角色在关卡场景中的相对位置，然后编写程序来自动读取地图信息，当读取到某个数字时则会创建对应的角色并设置坐标。关卡地图的效果如图 9.2 所示，其中数字 1 代表墙壁，2 代表箱子，3 代表玩家，4 代表目标点，0 代表地板，–1 则表示空白区域。

| | | | | | |
|---|---|---|---|---|---|
| –1 | 1 | 1 | 1 | –1 | –1 |
| 1 | 1 | 4 | 1 | 1 | 1 |
| 1 | 4 | 0 | 2 | 0 | 1 |
| 1 | 1 | 2 | 0 | 3 | 1 |
| –1 | 1 | 0 | 0 | 1 | 1 |
| –1 | 1 | 1 | 1 | 1 | –1 |

图 9.2　推箱子游戏的关卡地图

---

**提示：**

由于推箱子游戏属于逻辑推理类的益智游戏，需要玩家经过思考和尝试来达成目标，因此在设计关卡时要注意合理设置各角色的位置，既要避免游戏的解法过于简单，又要确保游戏存在可行的解法。

---

### 9.1.2　加载游戏关卡

接下来看看如何读取设计好的关卡地图，并将各个角色显示在游戏窗口中。首先在程序开头编写如下几行代码：

```
TILESIZE = 48
WIDTH = TILESIZE * 6
HEIGHT = TILESIZE * 6
```

其中 TILESIZE 表示场景中方格的尺寸，由于游戏角色的图像都是 48 × 48 大小，因此将 TILESIZE 的值设为 48。接着定义 WIDTH 和 HEIGHT 常量的值，这里将它们均设为 TILESIZE 的 6 倍，因而整个游戏场景便可看作由 6 × 6 个方格所构成。

接着定义四个列表 walls、floors、boxes 和 targets，分别保存场景中的墙壁、地面、箱子及目标点角色。此外还要定义一个二维列表 map，用来保存图 9.2 所表示的关卡地图，代码如下所示：

```
walls = []
floors= []
boxes = []
targets = []
map=[ ['-1',     '1',    '1',    '1',    '-1',   '-1'],
        ['1',    '1',    '4',    '1',    '1',    '1'],
        ['1',    '4',    '0',    '2',    '0',    '1'],
        ['1',    '1',    '2',    '0',    '3',    '1'],
        ['-1',   '1',    '0',    '0',    '1',    '1'],
        ['-1',   '1',    '1',    '1',    '1',    '-1'] ]
```

不难看出，二维列表 map 实际上由 6 个子列表所组成，而每个子列表保存了关卡地图的一行数据信息。紧接着要做的便是对 map 列表进行读取和解析，定义了 initlevel() 函数来完成此任务，代码如下所示：

```
def initlevel(mapdata):
    global walls, floors, boxes, targets, player
    for row in range(len(mapdata)):
        for col in range(len(mapdata[row])):
            x = col * TILESIZE
            y = row * TILESIZE
            if mapdata[row][col] >= '0' and mapdata[row][col] != '1':
                floors.append(Actor("pushbox_floor", topleft=(x, y)))
            if mapdata[row][col] == '1':
                walls.append(Actor("pushbox_wall", topleft=(x, y)))
            elif mapdata[row][col] == '2':
                boxes.append(Actor("pushbox_box", topleft=(x, y)))
            elif mapdata[row][col] == '4':
                targets.append(Actor("pushbox_target", topleft=(x, y)))
            elif mapdata[row][col] == '3':
                player = Actor("pushbox_right", topleft=(x, y))
```

该函数接受一个二维列表 mapdata 作为参数，并对 mapdata 进行遍历操作。程序通过执行双重循环语句，逐行逐列地读取 mapdata 中的每个字符，并进一步判定字符的值，以便创建与字符相对应的游戏角色。同时将字符所在的列号 col 和行号 row 分别与 TILESIZE 相乘，从而得到角色的位置坐标。

定义好 initlevel() 函数之后还要对其进行调用，同时将列表 map 作为实参传递给它，因此需要在 initlevel() 函数体的下面加入一行代码：

```
initlevel(map)
```

最后编写 draw() 函数，用来将场景和角色显示在游戏窗口中。代码如下所示：

```
def draw():
    screen.fill((200, 255, 255))
    for floor in floors:
        floor.draw()
    for wall in walls:
        wall.draw()
    for target in targets:
        target.draw()
    for box in boxes:
        box.draw()
    player.draw()
```

现在运行游戏，可以看到如图 9.3 所示的游戏画面。

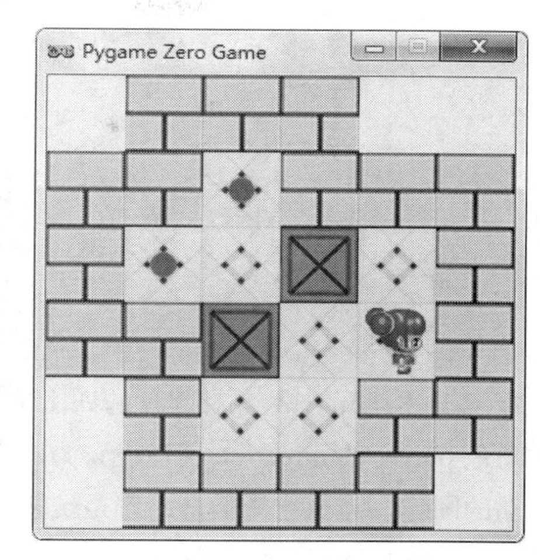


图 9.3　推箱子游戏初始画面

## 9.2 实现角色的交互

现在游戏关卡已经设置好了，接下来要做的便是让关卡场景中的角色能够进行交互，从而让游戏按照规则来运行。首先实现玩家角色的移动控制，然后分别对玩家角色及箱子角色实施碰撞检测及处理。

### 9.2.1 控制玩家角色的移动

在推箱子游戏中，唯一能被操控的便是玩家角色，它能够朝上、下、左、右四个方向移动，于是可以使用键盘来控制它的移动，当按下键盘的某个方向键时，让玩家角色朝相应的方向移动一个方格的距离。

为了表示玩家移动的方向，首先需要定义一个字典类型的变量 dirs，其中保存了各个方向对应的坐标改变值。在程序的开头加入以下代码：

```
dirs = {"east":(1, 0), "west":(-1, 0), "north":(0, -1), "south":(0, 1) , "none":(0, 0)}
```

接着为 on_key_down() 函数编写代码，用来处理键盘的按键事件。代码如下所示：

```
def on_key_down(key):
    if key == keys.RIGHT:
        player.direction = "east"
        player.image = "pushbox_right"
    elif key == keys.LEFT:
        player.direction = "west"
```

```
            player.image = "pushbox_left"
        elif key == keys.DOWN:
            player.direction = "south"
            player.image = "pushbox_down"
        elif key == keys.UP:
            player.direction = "north"
            player.image = "pushbox_up"
        else:
            player.direction = "none"
        player_move()
```

上述代码首先会对键盘的四个方向键进行检测，当判定按下某个方向键时，会将玩家角色 player 的 direction 属性设置为对应方向的字符串，同时将 image 属性设置为朝该方向移动的图像。需要注意的是，若是玩家按下了方向键之外的其他键，则 direction 属性会被设为 none，此时玩家不会朝任何方向移动。程序的最后一行调用了 player_move() 函数来移动玩家的位置，player_move() 函数的代码如下所示：

```
    def player_move():
        player.oldx = player.x
        player.oldy = player.y
        dx, dy = dirs[player.direction]
        player.x += dx * TILESIZE
        player.y += dy * TILESIZE
```

该函数在改变玩家的坐标之前，首先将玩家角色 player 当前的 x 和 y 坐标值保存在 oldx 和 oldy 属性中，然后用 player 的 direction 属性作为“键”来查询字典 dirs，并将获取的“值”保存在元组（dx，dy）中。由于玩家每次移动 TILESIZE 长度的距离，因此接下来要分别将元组的 dx 和 dy 分量的值乘以 TILESIZE，再累加给 player 的 x 及 y 属性。

---

**说明：**

之所以移动前要先保存当前的 x 和 y 坐标，是因为玩家如果在移动时碰到了障碍物，那么它往往需要“后撤”一步，即退回到前一步的位置。因此要将玩家移动前的位置保存下来，以便它能回退到正确的位置。

---

现在运行游戏试一下，看看是否能够使用方向键来控制玩家角色的移动。

### 9.2.2 处理玩家角色的碰撞

目前玩家虽然可以在场景中四处移动，但它却能够畅通无阻地穿越任何障碍物，这是因为还没有对它实施碰撞检测和处理。对于推箱子游戏，玩家角色主要与两个物体发生碰撞，一个是墙壁，另一个是箱子。具体的碰撞及处理过程有以下几种情况：

（1）若玩家移动时碰到了墙壁，则玩家不能继续移动，需要回退到上一步的位置。

（2）若玩家移动时碰到了箱子，则需进一步对箱子进行判定：若箱子的前方是墙壁或是其他箱子，则玩家不能继续移动，需要回退到上一步的位置；若箱子前方没有障碍物，则玩家和箱子都可以向前移动一格。

（3）若玩家移动时既没有碰到墙壁也没有碰到箱子，则它可以直接向前移动一格。

根据以上的分析，可以编写一个函数 player_collision()，用来实现玩家的碰撞检测和处理。player_collision() 函数的代码如下所示：

```
def player_collision():
    # 玩家与墙壁的碰撞
    if player.collidelist(walls) != -1:
        player.x = player.oldx
        player.y = player.oldy
        return
    # 玩家与箱子的碰撞
    index = player.collidelist(boxes)
    if index == -1:
        return
    box = boxes[index]
    if box_collision(box) == True:
        player.x = player.oldx
        player.y = player.oldy
        return
    sounds.fall.play()
```

上述代码首先对玩家与墙壁实施碰撞检测，通过调用 player 的 collidelist() 方法，判定玩家是否与某个墙壁角色发生了碰撞，若是则重置 player 的 x 和 y 属性值，从而将玩家退回到上一步的位置；否则，再次调用 collidelist() 方法来检测玩家与箱子的碰撞。若没有检测到玩家与任何箱子发生碰撞，则直接返回；否则调用 box_collision() 函数进一步检查箱子的碰撞情况。若该函数的返回值为 True，说明箱子与前方的障碍物发生了碰撞，则将玩家退回到上一步的位置；否则玩家推动箱子向前移动一格，同时播放推动箱子的音效。

---

**提示：**

编写好 player_collision() 函数后，还要在 on_key_down() 函数中对其调用来执行。

---

### 9.2.3　处理箱子角色的碰撞

在上面介绍的处理玩家角色碰撞的 player_collision() 函数中，调用了一个 box_

collision() 函数，该函数的作用是处理箱子角色的碰撞。对于箱子来说，它一方面要检测是否与墙壁发生了碰撞，另一方面也要检查是否与其他箱子发生了碰撞。不论是哪种情况，箱子都不能继续移动，而是要退回到上一步的位置。由此可以为 box_collision() 函数编写如下代码：

```
def box_collision(box):
    box.oldx = box.x
    box.oldy = box.y
    dx, dy = dirs[player.direction]
    box.x += dx * TILESIZE
    box.y += dy * TILESIZE
    # 箱子与墙壁的碰撞
    if box.collidelist(walls) != -1:
        return True
    # 箱子与其他箱子的碰撞
    for bx in boxes:
        if box == bx:
            continue
        if box.colliderect(bx):
            return True
    check_target(box)
    return False
```

该函数接收某个箱子角色 box 作为参数，以便对其实施碰撞检测。程序首先保存箱子当前的坐标，然后将它朝玩家推动的方向移动一格。接着调用 box 的 collidelist() 方法来判定箱子是否与墙壁发生了碰撞，若是则返回 True，否则进一步判定 box 是否与其他箱子发生了碰撞。若是检测到碰撞发生，则返回 True，否则返回 false。

---

**提示：**

此时不能直接调用 box 的 collidelist() 方法对 boxes 列表进行检查，因为 box 对象本身是存放在 boxes 列表中的，只能通过循环语句逐一检查 box 是否与其他箱子碰撞，这可以调用 box 的 colliderect() 方法来实现。

---

不难发现，上述代码的最后还调用了另一个函数 check_target()，这又是做什么的呢？实际上这是对箱子与目标点角色实施的碰撞检测。为了增强游戏的交互效果，在箱子被推移到目标点时进行突出显示，即用另一幅图片来显示箱子位于目标点处时的图像。这需要检查箱子是否与目标点发生了碰撞，于是定义了 check_target() 函数来实现该功能，代码如下所示：

```
def check_target(box):
    if box.collidelist(targets) != -1:
        box.image = "pushbox_box_hit"
        box.placed = True
    else:
        box.image = "pushbox_box"
        box.placed = False
```

该函数接受某个箱子角色 box 作为参数，通过调用 box 的 collidelist() 方法，检查箱子是否与 targets 列表中保存的目标点角色发生碰撞，若是则将 box 的 image 属性设为图片 pushbox_box_hit.png，同时将 box 的 placed 属性设为 True，表示箱子位于目标点上；否则，将 image 属性设为图片 pushbox_box.png，并将 placed 属性设为 False。

现在再次运行游戏，试着控制玩家去推动箱子，看看能否将箱子推移到目标点的位置。游戏的运行效果如图 9.4 所示。

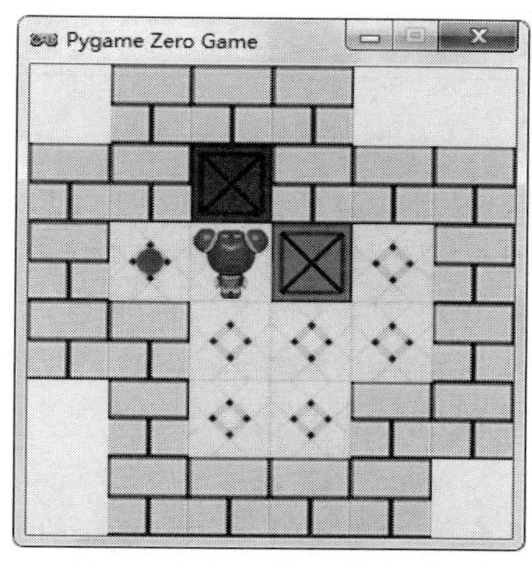


图 9.4　推箱子游戏的运行效果

## 9.3 添加新的关卡

现在已经为推箱子游戏加载了游戏关卡，同时实现了游戏的基本玩法。然而，目前并没有为关卡设定任务目标，因而游戏无法达到完成状态。同时整个游戏只有一个关卡，缺乏足够的变化和挑战，这又未免显得有些单调。为了增强游戏的可玩性，可以从以上两方面着手改进，一方面为游戏添加新的关卡，从而形成多关卡的游戏；另一方面为关卡设定任务目标，当本关的目标达成后游戏能够自动切换到下一关。

### 9.3.1 从文件载入关卡

需要指出的是，当前关卡地图的数据是用一个二维列表来保存的，这虽然简单直接，但是扩展起来不太方便。倘若要为游戏增添很多新关卡，则需要不断地在程序中定义新的二维列表。如何能够在不修改程序的情况下实现关卡的扩充呢？

目前之所以难以扩充关卡，是因为关卡的数据信息和游戏的逻辑代码都是放在同一个源程序文件中的，于是每当要添加新的关卡，则必须修改程序文件。那么你可能自然地想到，能不能把关卡数据和逻辑代码分离开呢？没错，确实应该这样做。

**说明：**

为了方便添加新的关卡，我们需要将数据和代码进行分离，即将游戏的逻辑代码存放在程序文件中，而将关卡的数据信息单独用另外的文件来保存。这也就是软件开发中俗称的“解耦”，即为数据和代码划清界限，以避免因两者相互关联所带来的各种问题。

为了保存关卡地图的数据，需要建立什么格式的文件，以及需要建立几个文件呢？对于大型的商业游戏来说，其关卡数据文件都有专门的格式，而对于我们这个游戏，为了简单起见，不妨直接使用文本文件的格式，一来便于编辑和修改，二来也便于程序对其进行处理。至于文件的数量问题，可以是一个，也可以是多个，例如可以将所有关卡的数据统一保存在一个文件中，或者每一关用一个文件来保存。这里采用后一种方式，即为每个新关卡创建单独的文本文件来保存。

首先进入游戏项目所在的 mu_code 文件夹，然后在其中创建一个名字为 maps 的子文件夹。接着进入 maps 文件夹，并在其中创建各个关卡的数据文件。关卡文件的命名用字符串 map 作为前缀，然后加上关卡的编号，例如第一关起名为 map1.txt，其余类似。最后打开新建的文本文件，将关卡地图的数据信息存入其中，文件内容如图 9.5 所示。

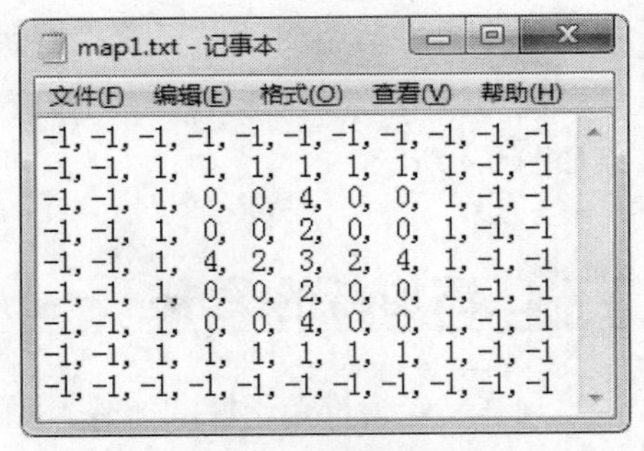


图 9.5 用文本文件保存的关卡数据

接下来要做的便是编写程序来读取关卡文件，同时对其中的数据进行处理。这需要涉及对文件的一些基本操作。好在 Python 提供了丰富的 API，极大地简化了文件的操作。下面在程序中定义一个 loadfile() 函数，用来读取与处理关卡文件。代码如下所示：

```
def loadfile(file):
    mapfile = open(file,"r")                    # 打开文件
    map_array = []
    while True:
        line = mapfile.readline()               # 读取一行文本
        if line == "":                          # 读取到空行则退出
            break
        line = line.replace("\n","")            # 去掉换行符
        line = line.replace(" ","")             # 去掉空格
        map_array.append(line.split(","))       # 将文本行转换为字符列表并保存
    mapfile.close()                             # 关闭文件
    return map_array
```

该函数接收一个文件名字符串 file 作为参数，通过调用 Python 提供的 open() 函数来打开此文件，并将返回的文件对象保存在 mapfile 变量中。然后定义一个列表 map_array，用来保存文件中的数据。接着执行 while 循环语句，通过调用 mapfile 的 readline() 方法来逐行地读取文件中的数据，同时对每一行的数据进行处理，并将处理后的数据保存在列表 map_array 中。最后执行 mapfile 的 close() 方法将文件关闭，并将 map_array 作为返回值从函数中返回。

---

**说明：**

上述代码使用了两个常用的字符串处理方法，即 replace() 方法和 split() 方法。replace() 方法用来进行字符的替换操作，它接收两个字符作为参数，然后使用第二个字符来替代字符串中所有的第一个字符，例如用空字符来替代换行符及空格符，实际上就是去掉这两种多余的字符。split() 方法则用来分割字符串，它接收一个字符作为参数，然后以该字符作为分隔符将整个字符串分割开，同时将结果保存在一个字符列表中。从图 9.5 中可以清楚地看到，在关卡文件中使用逗号将各个字符分隔开，因此上述程序在调用 split() 方法时传入的参数便是逗号字符。

---

接下来再定义一个函数 loadmap()，用来载入游戏关卡，代码如下所示：

```
def loadmap(level):
    mapdata = loadfile("maps/map" + str(level) + ".txt")
    initlevel(mapdata)
```

该函数接收一个参数 level，表示所要载入的关卡的编号。程序首先调用 loadfile() 函数来读取指定的关卡，并将返回的关卡数据列表保存在 mapdata 变量中。接着调用此前定义的 initlevel() 函数，将 mapdata 作为参数传入其中，从而完成关卡的加载操作。

最后，为了让游戏能够自动地从第一关开始运行，还需要在程序中加入以下两行代码：

```
level = 1
loadmap(level)
```

现在运行游戏测试一下，可以看到加载关卡文件后的游戏画面如图 9.6 所示。

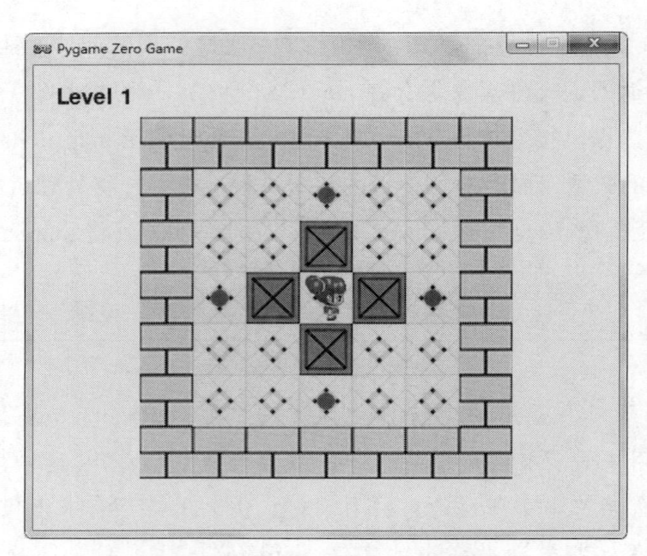


图 9.6 加载关卡文件后的游戏画面

### 9.3.2 切换关卡

按照上面介绍的方法，可以为游戏添加任意多个关卡，只需要为每个关卡创建一个文本文件，然后将关卡地图的数据存入其中即可。例如，若想再添加两个新关卡，则可以进入 maps 文件夹，在其中创建两个文本文件 map2.txt 和 map3.txt，然后分别存入各自的关卡地图数据。

现在重新运行游戏，你会发现游戏仍然只能在第一关中进行。那么如何让游戏从第一关自动转换到第二关、第三关呢？这需要为游戏设置一个关卡转换的条件，当条件满足时游戏会自动切换到下一关。

---

**提示：**

事实上，这便是之前所说的为关卡设定任务目标，对于推箱子游戏来说，关卡要达成的目标是所有箱子都要被放置在目标点上。

---

于是首先定义一个函数 levelup()，用来判定关卡的任务目标是否达成。代码如下所示：

```
def levelup():
    for box in boxes:
        if not box.placed:
            return False
    return True
```

该函数对箱子列表 boxes 进行遍历，对其中保存的某个箱子角色 box 来说，倘若它的 placed 属性值不为 True，说明该箱子不在目标点上，于是函数立即返回 False。若是所有箱子都已位于目标点上，则函数返回 True。

接下来在程序开头定义一个布尔类型的全局变量 finished，用来标识关卡目标是否达成，同时在 update() 函数中编写程序来判定过关的条件。代码如下所示：

```
finished = False
def update():
    global finished
    if finished :
        return
    if levelup():
        finished = True
        sounds.win.play()
        clock.schedule(setlevel, 5)
```

可以看到，update() 函数会首先检查 finished 的值，若为 True 说明关卡目标已经达成，于是调用 return 语句直接返回；否则进一步判断 levelup() 函数的返回值，若为 True 说明所有箱子都放在目标点上，于是将 finished 的值设为 True，同时播放一段庆祝过关的音效，然后调用 clock 对象的 schedule() 方法切换关卡。为了保证过关音效播放完毕后再转换关卡，这里将 schedule() 方法中的延迟时间参数设置为 5 秒，而参数 setlevel 则是一个新定义的函数，用来执行关卡切换的操作。setlevel() 函数的代码如下所示：

```
def setlevel():
    global finished, level
    finished = False
    level += 1
    loadmap(level)
```

该函数首先将 finished 的值重新设为 False，接着将关卡编号 level 的值加 1，然后调用 loadmap() 函数来加载新的关卡文件。

最后对 draw() 函数进行一点修改，以便显示关卡的编号，以及过关时的文字提示。在 draw() 函数中加入以下代码：

```
screen.draw.text("Level " + str(level), topleft=(20, 20),
                         fontsize=30, color="black")
if finished:
    screen.draw.text("Level Up", center=(WIDTH // 2, HEIGHT // 2),
                         fontsize=80, color="blue")
```

现在再次运行游戏，试着操作小人将箱子推移到目标点上。当所有箱子都被正确地放置在目标点上后，可以看到如图 9.7 所示的关卡切换效果。

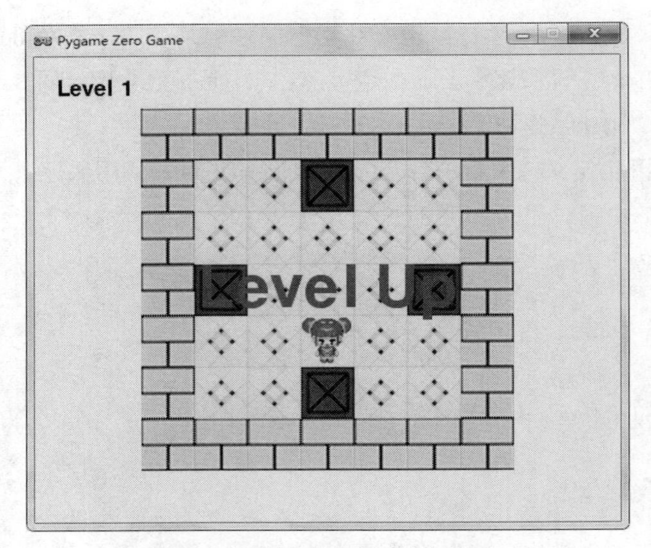


图 9.7 推箱子游戏的过关画面

## 9.4 完善游戏功能

目前游戏的基本规则已经实现，而且可以自由扩展关卡，游戏的可玩性得到极大增强。然而，游戏还存在两个小问题有待完善，第一个问题是箱子被推到角落时如何处理。由于游戏规则的限制，玩家只能在箱子的后面将它推动，而不能在箱子的前面拉它，因此可能造成箱子不小心被推到角落或靠近墙壁时无法回退的情况。由于关卡目标无法达成，玩家不得不退出游戏从第一关重新开始，这显然是非常令人沮丧的，会对游戏的趣味性造成不利影响。另一个问题是当所有的关卡都完成后游戏如何结束。由于目前的游戏会自动地转换关卡并读取关卡文件，假如没有新的文件可供读取时，程序便会出现错误。下面分别对上述两个问题进行处理。

### 9.4.1 重置关卡

当玩家不小心将箱子推到角落或墙边时，为了避免游戏从第一关重新开始，可以为游戏加入一个功能，让玩家只需要重玩当前的关卡。

---

**提示：**

事实上这个功能实现起来非常简单，要做的只是重新载入当前的关卡文件而已。

---

可以设定一个按键来执行重玩的功能，例如规定玩家按下字母键R时重新加载当前关卡，则可以在on_key_down()函数中加入如下代码：

```
if key == keys.R:
    loadmap(level)
    return
```

可以清楚地看到，上述代码在检测到键盘的R键被按下时，会调用loadmap()函数来载入关卡文件。由于参数level的值并未增加，因此此时仅仅将当前的关卡重新加载了一次。

这样一来，玩家在游戏时再也不用提心吊胆害怕出错了，顶多不过是重新玩一下当前的关卡，而不必回到第一关从头开始。

### 9.4.2 判定游戏结束

下面解决最后一个问题，即所有关卡都通过后游戏如何结束。首先不妨看看如果不加以处理会出现什么问题。目前只为游戏设置了三个关卡，而当最后的第三关完成后，程序会提示出现了FileNotFoundError错误。从字面上来看，这个错误是由于文件找不到而发生的，事实正是如此。因为第三关完成后level变量的值会增加为4，于是程序会尝试自动载入文件map4.txt，然而这个文件我们并没有创建，因此程序会提示出错。如何解决这个问题呢？

---

**说明：**

事实上，类似于文件读取出错这样的情况，在一般的高级程序语言中都会将其视为一种“异常”，也就是说这种问题通常在程序编写阶段不会出现，而是在程序执行过程中有可能发生。例如典型的异常还发生在除法运算程序中，当用户将除数输入为零时，也会发生异常情况。好在大多数程序语言都拥有异常处理机制，会对可能出现的异常进行“捕获”，以确保程序不会因异常的出现而意外中止。

---

对于Python语言来说，它提供了try语句块来实施异常处理，完整的语法结构如下所示：

```
try:
    可能发生异常的语句
except:
    发生异常时执行的语句
else:
```

```
    没有发生异常时执行的语句
finally:
    无论是否发生异常都执行的语句
```

按照上述语法结构，可以将加载关卡的 loadmap() 函数进行修改，加入异常处理的相关语句。改进后的 loadmap() 函数代码如下所示：

```
def loadmap(level):
    try:
        mapdata = loadfile("maps/map" + str(level) + ".txt")
    except FileNotFoundError:
        global gameover
        gameover = True
    else:
        initlevel(mapdata)
```

对于我们的游戏来说，可能发生异常的地方在于执行 loadfile() 函数打开文件时，因此将调用该函数的语句放入 try 模块中进行监测。倘若打开文件时发生了异常，我们希望游戏能够正常结束，于是可以定义一个全局变量 gameover，然后在 except 模块中将该值设为 True 表示游戏结束。若没有发生异常，则可以在 else 模块中调用 initlevel() 函数来加载关卡地图数据。

最后对 draw() 函数进行修改，添加一行代码用来显示结束时的文字提示，如下所示：

```
if gameover:
    screen.draw.text("Game Over", center=(WIDTH // 2, HEIGHT // 2),
                     fontsize=80, color="red")
    return
```

再次运行游戏，测试一下当所有关卡都完成后游戏能否正常结束。

---

**练习：**

可以试着再多添加几个关卡，然后让你的朋友玩玩你设计的关卡。需要注意的是，千万不要把关卡设计得太难，不然你朋友会和你闹翻的哟。

---

## 9.5 回顾与总结

在本章中，我们学习制作了一款推箱子游戏。首先为游戏设置了关卡地图，并编写程序将关卡地图中所标识的各个角色加载到游戏场景中。然后对键盘事件进行处理，从而实现了玩家角色的移动控制。接着着重讨论了如何对玩家角色及箱子进行碰撞检测及处理，从而实现推箱子游戏的基本规则。接下来进一步对游戏实施扩展，添加了多个游戏关卡，并使用文本文件来保存关卡地图的数据。同时对程序进行改进，使之能够自动切换关卡以及载入关卡文件。最后对游戏进行了完善，添加了重置关卡的功能，让游戏可以从当前关卡重新开始。此外还对加载关卡文件时的异常情况进行了处理，从而保证游戏可以正常结束。

下面给出推箱子游戏的完整源程序代码。

```
# 推箱子游戏源代码 pushbox.py
TILESIZE = 48                                      # 箱子尺寸
WIDTH = TILESIZE * 11                              # 屏幕宽度
HEIGHT = TILESIZE * 9                              # 屏幕高度
# 方向字典，存储各方向对应的坐标偏移值
dirs = {"east":(1, 0), "west":(-1, 0),
"north":(0, -1), "south":(0, 1), "none":(0, 0)}
level = 1                                          # 游戏关卡值
finished = False                                   # 游戏过关标记
gameover = False                                   # 游戏结束标记

# 从文件读取地图数据
def loadfile(file):
    mapfile = open(file,"r")                       # 打开文件
    map_array = []
    while True:
        line = mapfile.readline()                  # 读取一行文本
        if line == "":                             # 读取到空行则退出
            break
        line = line.replace("\n","")               # 去掉换行符
        line = line.replace(" ","")                # 去掉空格
        map_array.append(line.split(","))          # 将文本行转换为字符列表并保存
    mapfile.close()                                # 关闭文件
    return map_array

# 载入关卡地图
def loadmap(level):
    try:
        mapdata = loadfile("maps/map" + str(level) + ".txt")
    except FileNotFoundError:
        global gameover
        gameover = True
    else:
        initlevel(mapdata)

# 初始化地图，生成游戏角色
def initlevel(mapdata):
    global walls, floors, boxes, targets, player
    walls = []                                     # 墙壁列表
    floors= []                                     # 地板列表
    boxes = []                                     # 箱子列表
```

```
    targets = []                                        # 目标点列表
    for row in range(len(mapdata)):
        for col in range(len(mapdata[row])):
            x = col * TILESIZE
            y = row * TILESIZE
            if mapdata[row][col] >= "0" and mapdata[row][col] != "1":
                floors.append(Actor("pushbox_floor", topleft=(x, y)))
            if mapdata[row][col] == "1":
                walls.append(Actor("pushbox_wall", topleft=(x, y)))
            elif mapdata[row][col] == "2":
                box = Actor("pushbox_box", topleft=(x, y))
                box.placed = False
                boxes.append(box)
            elif mapdata[row][col] == "4":
                targets.append(Actor("pushbox_target", topleft=(x, y)))
            elif mapdata[row][col] == "6":
                targets.append(Actor("pushbox_target", topleft=(x, y)))
                box = Actor("pushbox_box_hit", topleft=(x, y))
                box.placed = True
                boxes.append(box)
            elif mapdata[row][col] == "3":
                player = Actor("pushbox_right", topleft=(x, y))

loadmap(level)

# 处理键盘按下事件
def on_key_down(key):
    if finished or gameover:
        return
    if key == keys.R:
        loadmap(level)
        return
    if key == keys.RIGHT:
        player.direction = "east"
        player.image = "pushbox_right"
    elif key == keys.LEFT:
        player.direction = "west"
        player.image = "pushbox_left"
    elif key == keys.DOWN:
        player.direction = "south"
        player.image = "pushbox_down"
    elif key == keys.UP:
        player.direction = "north"
        player.image = "pushbox_up"
    else:
        player.direction = "none"
    player_move()
    player_collision()

# 移动玩家角色
```

```
def player_move():
    player.oldx = player.x
    player.oldy = player.y
    dx, dy = dirs[player.direction]
    player.x += dx * TILESIZE
    player.y += dy * TILESIZE

# 玩家角色的碰撞检测与处理
def player_collision():
    # 玩家与墙壁的碰撞
    if player.collidelist(walls) != -1:
        player.x = player.oldx
        player.y = player.oldy
        return
    # 玩家与箱子的碰撞
    index = player.collidelist(boxes)
    if index == -1:
        return
    box = boxes[index]
    if box_collision(box) == True:
        box.x = box.oldx
        box.y = box.oldy
        player.x = player.oldx
        player.y = player.oldy
        return
    sounds.fall.play()

# 箱子角色的碰撞检测与处理
def box_collision(box):
    box.oldx = box.x
    box.oldy = box.y
    dx, dy = dirs[player.direction]
    box.x += dx * TILESIZE
    box.y += dy * TILESIZE
    # 箱子与墙壁的碰撞
    if box.collidelist(walls) != -1:
        return True
    # 箱子与其他箱子的碰撞
    for bx in boxes:
        if box == bx:
            continue
        if box.colliderect(bx):
            return True
    check_target(box)
    return False

# 检测箱子是否放置在目标点上
def check_target(box):
    if box.collidelist(targets) != -1:
        box.image = "pushbox_box_hit"
```

```
            box.placed = True
        else:
            box.image = "pushbox_box"
            box.placed = False

# 判断是否过关
def levelup():
    for box in boxes:
        if not box.placed:
            return False
    return True

# 设置新的关卡
def setlevel():
    global finished, level
    finished = False
    level += 1
    loadmap(level)

# 更新游戏逻辑
def update():
    global finished
    if finished or gameover:
        return
    if levelup():
        finished = True
        sounds.win.play()
        clock.schedule(setlevel, 5)

# 绘制游戏图像
def draw():
    screen.fill((200, 255, 255))
    if gameover:
        screen.draw.text("Game Over", center=(WIDTH // 2, HEIGHT // 2),
                         fontsize=80, color="red")
        return
    for floor in floors:
        floor.draw()
    for wall in walls:
        wall.draw()
    for target in targets:
        target.draw()
    for box in boxes:
        box.draw()
    player.draw()
    screen.draw.text("Level " + str(level), topleft=(20, 20),
                     fontsize=30, color="black")
    if finished:
        screen.draw.text("Level Up", center=(WIDTH // 2, HEIGHT // 2),
                         fontsize=80, color="blue")
```

# 第 10 章
# 人工智能的奥秘：五子棋

本章我们学习制作一款五子棋游戏。作为经典的棋类游戏，五子棋深受大众喜爱。它的规则十分简单，即两名玩家分别执黑、白两色棋子轮流在棋盘的交叉点处下棋，若某玩家的棋子在横、竖、斜某个方向连成了 5 颗，则该玩家获胜。如果仅仅实现人与人之间的对弈，那么五子棋游戏的编写并不复杂，然而若要实现人机对弈，让电脑能够自己思考并战胜人类，那就不是十分容易的事情了。本章我们先从简单处着手，完成五子棋游戏的基本操作和规则判定，然后尝试引入一些游戏人工智能的编程方法和技巧，从而实现人机对弈的功能，并借此一窥人工智能的奥秘。

本章主要涉及如下知识点：

- 实现下棋操作
- 判定棋局胜负
- 实现悔棋操作
- 游戏人工智能
- 人机对弈算法

## 10.1 创建棋盘和棋子

对于棋类游戏来说，游戏的场景就是下棋的棋盘，而游戏的主要角色就是棋子。下面为五子棋游戏分别创建棋盘和棋子。

### 10.1.1 绘制棋盘

五子棋的棋盘可看作是一个 15 × 15 的网格，它由 15 条横线和 15 条竖线构成，而横竖两条线所形成的交叉点便是能够下棋的位置。由此可见，创建五子棋的棋盘其实就是绘制棋盘上所有的横线和竖线，而这可以通过 Pgzero 提供的绘图函数来实现。

为了设置棋盘的尺寸，首先在程序开头编写如下几行代码：

```
SIZE = 40
WIDTH = SIZE * 15
HEIGHT = SIZE * 15
```

其中常量 SIZE 用来表示棋盘中方格的尺寸，而常量 WIDTH 和 HEIGHT 的值都被设为 SIZE 的 15 倍，因此游戏场景便是由 15 × 15 个方格所组成的。

接着定义一个函数 draw_board()，用来绘制棋盘的网格，也就是 15 条横线和竖线。代码如下所示：

```
def draw_board():
    for i in range(15):
        screen.draw.line((20, SIZE * i + 20), (580, SIZE * i + 20), (0, 0, 0))
    for i in range(15):
        screen.draw.line((SIZE * i + 20, 20), (SIZE * i + 20, 580), (0, 0, 0))
```

该函数中有两条 for 循环语句，第一个循环用来绘制 15 条横线，第二个则用来绘制 15 条竖线。其中调用了 Pgzero 提供的 screen.draw.line() 方法来绘制线段，该方法接收三个参数，分别表示线段起点的坐标、线段终点的坐标以及线段的颜色。

---

**提示：**

由于下棋时棋子只能放置在横、竖线的交叉点处，因此画线时要将线条的位置与窗口四周边界保持一定的距离，这里参照棋子的尺寸将距离值设置为 20。

---

最后为 draw() 函数编写代码，以便将棋盘显示在游戏窗口中。代码如下所示：

```
def draw():
    screen.fill((210, 180, 140))
    draw_board()
```

程序首先调用 screen.fill() 方法为棋盘设置一个背景颜色，这里采用的是类似现实中棋盘颜色的深褐色。然后调用 draw_board() 函数在棋盘上绘制网格。

现在运行游戏，可以看到如图 10.1 所示的五子棋棋盘。

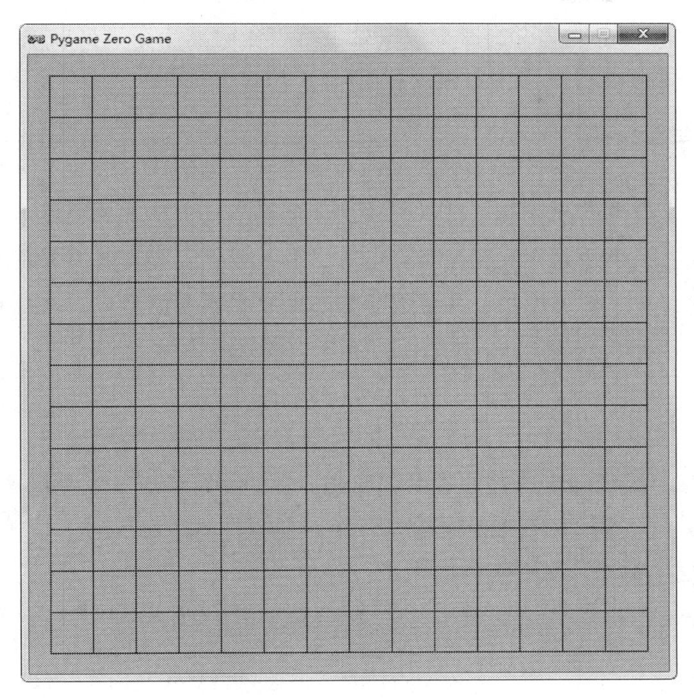


图 10.1　五子棋的棋盘

### 10.1.2　设置棋子

接下来要做的便是为游戏创建棋子。类似于围棋，五子棋也采用了黑、白两种颜色的棋子，于是需要准备两幅图片来分别表示黑、白棋子。使用图片文件 gobang_black.png 来显示黑棋的图像，使用图片文件 gobang_white.png 来显示白棋的图像，如图 10.2 所示。

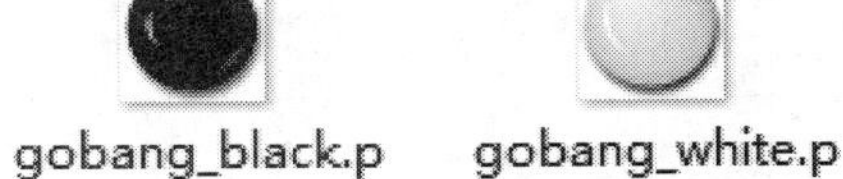


图 10.2　五子棋的棋子图片

## 10.2 执行走棋操作

### 10.2.1　使用鼠标下棋

棋盘和棋子都准备好了，下面来实现下棋的功能，看看如何把棋子摆放在棋盘上。

首先得搞清楚走棋的基本规则。对于五子棋来说，黑白双方需要轮流下棋，而且棋子只能下在棋盘的空白处，也就是说当目标位置处没有棋子时才能在该处放置棋子。那么你可能会问，如何知道棋盘上哪个地方没有棋子呢？

---

**说明：**

对于人来说，当然一眼就能看出棋盘上哪里没有棋子，但是计算机的感知方式和人不同，它无法像人一样通过肉眼观察获得信息，而只能通过查询数据来获取信息。因此需要为棋盘建立一个数据模型，并将棋子信息保存在棋盘模型中，以便程序能够随时了解棋盘中的情况。

---

具体来说，可以创建一个 15×15 大小的二维列表，用来作为棋盘的数据模型。列表中的每一个单元保存着棋盘对应位置处的棋子数据，例如字符 b 表示黑色棋子，字符 w 表示白色棋子，某个位置没有棋子则使用空字符来表示。

于是可以在程序中加入以下一行代码：

```
board = [[" "for i in range(15)]for j in range(15)]
```

这句代码的作用是创建一个二维列表 board，它拥有 15 个子列表，而每个子列表都由 15 个空字符组成。于是在创建列表 board 的同时就对它进行了初始化，现在 board 的每个单元都是空字符，意味着游戏初始时棋盘的任何位置都可以下棋。

---

**提示：**

这里使用了 Python 语言的一种独特语法，用来直接创建二维列表，实际上是将多行代码浓缩成了一行。

---

为了正确地执行走棋操作，还需要多定义几个变量，在程序开头再添加如下几行代码：

```
chesses = []
turn = "b"
last_turn = "w"
```

其中 chesses 是一个列表变量，用来保存下过的每一颗棋子对象。turn 和 last_turn 都是字符变量，分别用来保存当前走棋的一方以及上一步的走棋方。这里将 turn 的初值设为字符 b，于是游戏由黑棋所在的一方开始下棋。

接下来考虑下棋的具体操作。在棋类游戏中，通常使用鼠标进行操作，因为鼠标指针可以直接移动到要下棋的位置，然后单击鼠标便可在该处放置一颗棋子。因此这里也使用鼠标来执行走棋操作。规定当玩家单击鼠标左键时下棋，于是可以为鼠标事件处理函数 on_ mouse_down() 编写如下代码：

```
def on_mouse_down(pos, button):
    if button == mouse.LEFT:
        play(pos)
```

该函数接收两个参数 pos 和 button，前者保存鼠标单击处的坐标，后者保存所单击的鼠标按键。若 button 的值等于 mouse 对象的 LEFT 常量值，说明鼠标左键被单击了，于是程序调用 play() 函数，并将 pos 的值传入其中。

play() 函数用于处理棋盘的数据模型，它的代码如下所示：

```
def play(pos):
    col = pos[0] // SIZE
    row = pos[1] // SIZE
    if board[col][row] != " ":
        return
    if turn == "b":
        chess = Actor("gobang_black", (col * SIZE + 20, row * SIZE + 20))
    else:
        chess = Actor("gobang_white", (col * SIZE + 20, row * SIZE + 20))
    chesses.append(chess)
    board[col][row] = turn
```

上述代码首先用目标位置的坐标值对 SIZE 取整，求得对应的棋盘列号和行号，并分别保存在变量 col 和 row 中。然后以 col 和 row 作为索引值来查询棋盘列表 board，若对应的单元不为空字符，说明该位置处已经下了棋子，于是调用 return 语句直接返回。否则继续对 turn 的值进行判定，若该值为 b，说明当前轮到黑方走棋，于是用黑棋的图片创建一个棋子角色，同时根据 col 和 row 的值来为其设置坐标。创建白棋角色的操作与此类似。最后将创建的棋子角色加入列表 chesses，并将 turn 的值保存在列表 board 的相应单元中。

接下来还要定义一个函数 draw_chess()，用来绘制所有的棋子角色。代码如下所示：

```
def draw_chess():
    for chess in chesses:
        chess.draw()
```

该函数遍历 chesses 列表，对其中的每个棋子角色 chess 调用 draw() 方法进行绘制。

现在运行游戏程序，然后试着用鼠标单击棋盘的空白位置，看看下棋操作能否正确执行。

### 10.2.2 交换下棋双方

目前虽然可以在棋盘下棋了，但你很快会发现每次单击鼠标时所产生的棋子都是黑色的，这到底是怎么回事呢？这是因为上面介绍的 play() 函数会根据变量 turn 的值来决定生成什么颜色的棋子，由于 turn 的值初始时被设为 b，于是程序会自动创建黑色棋子。然而当黑棋下完后 turn 的值并没有发生改变，因而程序会一直在棋盘上放置黑棋。由此可见，要做的是在某一方下完棋后，设法改变 turn 的值，以使双方能够交替下棋。

定义一个函数 change_side()，用来交换下棋的双方。代码如下所示：

```
def change_side():
    global turn, last_turn
    last_turn = turn
    if turn == "b":
        turn = "w"
    else:
        turn = "b"
```

上述代码首先将 turn 变量的值赋给变量 last_turn，然后对 turn 的值进行更新。假如 turn 的值当前为 b，则将它的值设为 w，表示下棋方从黑棋切换到白棋；否则，将下棋方从白棋切换到黑棋。如此便实现了黑白双方的交替下棋。

然而下过五子棋的朋友可能会有体会，往往需要根据对方最近所下的棋子位置来判断局面，因此可以进一步考虑为游戏增加走棋提示的效果，即对棋盘上最近所下的一颗棋子进行突出显示。比较简单的做法是在棋子四周绘制一个矩形框，以此来提示最近所下的那一颗棋子。

下面对 draw_chess() 函数进行修改，在其中加入绘制提示框的代码。如下所示：

```
if len(chesses) > 0:
    chess = chesses[-1]
    rect = Rect(chess.topleft, (36, 36))
    screen.draw.rect(rect, (255, 255, 255))
```

上面代码对列表 chesses 的长度进行判定，当它的长度大于零时，表示棋盘上已经下了棋子，则取出 chesses 的最后一个元素，即最近下的那一颗棋子，并将其保存在变量 chess 中。然后调用 Pgzero 中矩形类的构造方法 Rect() 来创建一个矩形对象 rect，同时为其传入两个参数：第一个用来设置矩形左上角的坐标，第二个用来设置矩形的尺寸。通过传入的参数不难看出，矩形 rect 的坐标及尺寸与棋子基本一致，这相当于在棋子四周形成一个方框。程序最后调用 screen.draw.rect() 方法来绘制矩形，该方法接收两个参数：第一个是要绘制的矩形对象 rect，第二个则是绘制矩形的颜色，这里设为白色。

现在重新运行游戏，测试一下黑、白双方交替下棋的功能。可以看到游戏的运行效果如图 10.3 所示。

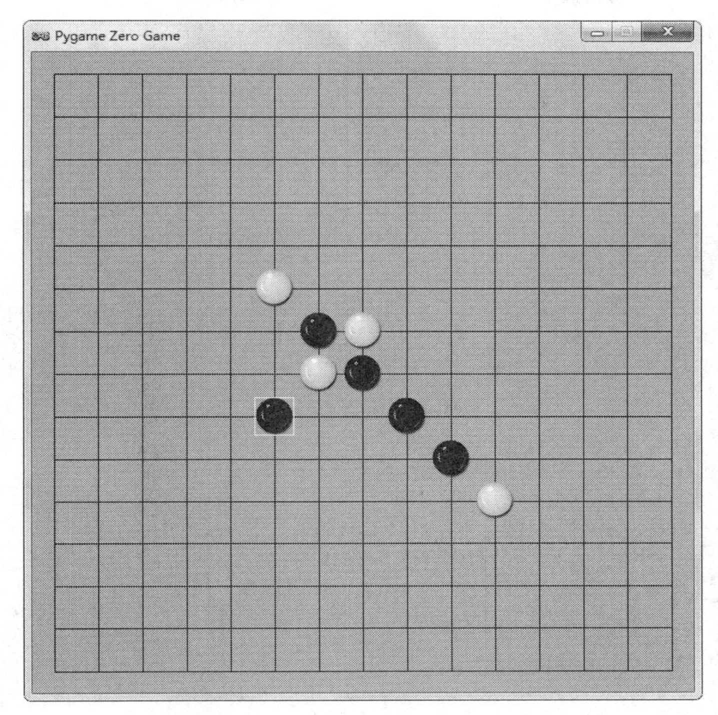


图 10.3　黑白双方交替下棋的效果

## 10.3 完善游戏规则

### 10.3.1 判定棋局胜负

现在虽然实现了走棋功能，但游戏却无法结束。我们知道，棋类游戏通常是以某一方的获胜而结束，而根据五子棋的规则，当某一方的棋子在横、竖、斜某个方向连接成五颗（俗称五子连珠），则该方获得棋局的胜利。因此需要对棋盘上各个棋子的位置关系进行判定，检查是否在某个方向形成了五子连珠。

**说明：**

计算机不能像人一样用肉眼观察棋盘上的局面，而只能通过存储在列表 board 中的数据来获取棋局的信息。需要编写程序来对 board 中的数据进行分析，进而判断棋局是否达到了获胜的条件。但由于事先并不知道哪些棋子会形成五子连珠，因此需要对棋盘上所有可能的位置进行检查。这就是计算机算法设计中所称的“穷举法”或“蛮力法”，即将问题的所有可能情况检查一遍，从而找到满足条件的解。事实上，生活中常说的“地毯式搜索”也就是这个意思。

---

下面创建一个 check_win( ) 函数，用来对五子棋获胜的局面进行判定。代码如下所示：

```
def check_win( ):
    a = last_turn
    # 从左上到右下判断是否形成五子连珠
    for i in range(11):
        for j in range(11):
            if board[i][j] == a and board[i + 1][j + 1] == a and board[i + 2][j
+ 2] == a \
                and board[i + 3][j + 3] == a and board[i + 4][j + 4] == a :
                  return True
    # 从左下到右上判断是否形成五子连珠
    for i in range(11):
        for j in range(4, 15):
            if board[i][j] == a and board[i + 1][j - 1] == a and board[i + 2][j
- 2] == a \
                 and board[i + 3][j - 3] == a and board[i + 4][j - 4] == a :
                  return True
    # 从上到下判断是否形成五子连珠
    for i in range(15):
        for j in range(11):
            if board[i][j] == a and board[i][j + 1] == a and board[i][j + 2] == a \
                and board[i][j + 3] == a and board[i][j + 4] == a :
                  return True
    # 从左到右判断是否形成五子连珠
    for i in range(11):
        for j in range(15):
            if board[i][j] == a and board[i + 1][j] == a and board[i + 2][j] == a \
                and board[i + 3][j] == a and board[i + 4][j] == a :
                  return True
    return False
```

可以看到，上述代码分别从四个方向来对棋盘进行搜索，若某个方向上相邻的 5 个位置在 board 中对应的值都相等，则说明该方向形成了五子连珠，于是函数返回 True。若是找不到任何满足条件的情况，则函数返回 False。

接着定义一个全局变量 gameover，用来标识游戏是否结束。同时在 update() 函数中编写程序来对棋局获胜的局面进行检测和处理，代码如下所示：

```
gameover = False
def update():
    global gameover
    if gameover:
        return
    if check_win():
```

```
            gameover = True
            if last_turn == "b":
                sounds.win.play()
            else:
                sounds.fail.play()
            return
```

上述代码中执行了 check_win() 函数，并对它的返回值进行检查，若返回值为 True，说明棋局形成了五子连珠的情形，则将 gameover 的值设为 True，同时播放游戏结束的音效。

最后再定义一个 draw_text() 函数，用来显示游戏结束时的提示信息，然后在 draw() 函数中调用该函数来执行。代码如下所示：

```
def draw_text():
    if not gameover:
        return
    if last_turn == "b":
        text = "You Win"
    else:
        text = "You Lost"
    screen.draw.text(text, center=(WIDTH // 2, HEIGHT // 2), fontsize=100,
color="red")
```

再次运行游戏，试着将 5 颗相同颜色的棋子连在一起，你会看到如图 10.4 所示的游戏结束画面。

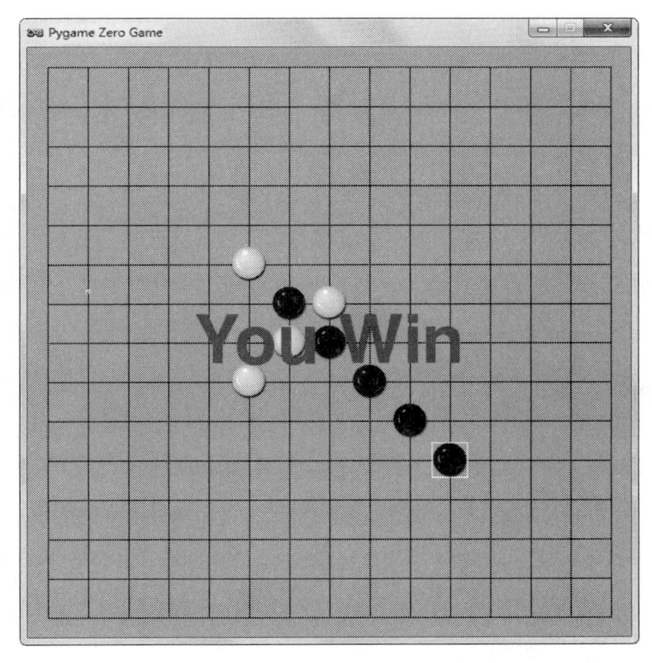


图 10.4　五子棋游戏的结束画面

### 10.3.2 添加悔棋功能

玩过棋类游戏的朋友应该知道，通常棋类游戏都会设置悔棋的功能，就是让玩家可以撤回刚才下过的棋子，然后重新选择下棋的位置，从而避免因为失误留下遗憾。接下来进一步完善五子棋游戏的规则，为其添加悔棋的功能。

那么悔棋在游戏中究竟对应着怎样的操作呢？我们知道，在现实生活中下棋时，悔棋就是将上一步下过的棋子从棋盘上拿走。而在计算机游戏中，悔棋也是类似的操作，即将上一步下过的棋子从屏幕上消除，不再将它显示出来。那又如何取消下过的棋子呢？

回顾一下，之前定义了列表 chesses 来保存棋子，每下一颗棋子便将其加入到 chesses，于是所有的棋子便按照它们下棋的顺序保存至列表，而这就意味着最近所下的棋子必然保存在列表的最后一个单元中。因此悔棋操作本质上就是将列表 chesses 最后一个单元的棋子角色删除掉，从而在对 chesses 中的角色进行绘制的时候，被删除的棋子将不再被显示出来。那该如何删除列表的最后一个元素呢？其实相当简单，因为 Python 为列表对象提供了一个 pop() 方法，可以直接删除列表尾部的元素。

---

**提示：**

悔棋操作通常是在对方下完棋后才能执行，因此执行悔棋时需要从列表尾部连续删除两颗棋子。

---

了解悔棋操作的原理之后，便可以定义一个 retract() 函数来实现悔棋功能。代码如下所示：

```
def retract():
    if len(chesses) < 2:
        return
    for i in range(2):
        chess = chesses.pop()
        col = int(chess.x - 20) // SIZE
        row = int(chess.y - 20) // SIZE
        board[col][row] = " "
```

上述代码通过 for 循环语句连续从列表 chesses 中删除两颗棋子。在每一次循环中，程序首先调用 chesses 的 pop() 方法删除列表尾部的棋子，并将删除的棋子角色保存在 chess 变量中。接着对 chess 的 x 和 y 属性值进行转换，求得对应的棋盘列号和行号，并分别保存在变量 col 和 row 中。最后以 col 和 row 作为索引值来访问棋盘列表 board，将对应的列表单元设置为空字符，从而从数据层面彻底删除棋子。

接下来需要为悔棋操作设定控制方式。为了简单起见，仍然使用鼠标进行控制。由于鼠标的左键已经被用于下棋操作，因此可以考虑采用鼠标右键执行悔棋。于是对 on_mouse_down() 函数进行修改，添加对鼠标右键的单击事件处理。修改后的代码如下所示：

```
def on_mouse_down(pos, button):
        if gameover:
            return
        if button == mouse.LEFT:
            play(pos)
        elif button == mouse.RIGHT:
            retract()
```

可以看到，当程序判定鼠标键 button 的值为 mouse.RIGHT 时，说明此时鼠标的右键被按下，于是调用 retract() 函数来执行悔棋操作。

再次运行游戏，测试一下悔棋功能的执行情况。

## 10.4 实现人机对弈

现在五子棋游戏的规则已经基本实现，游戏功能也比较完善，但是目前游戏只支持两名玩家之间进行对弈，而没有实现人机对弈的功能。换句话说，游戏暂时只能让人和人来下棋，而不能让人和计算机来下棋。假若能让计算机像人一样思考该多好，那么它就能学会如何根据五子棋的规则来与人对弈了，想必计算机也会变成十分强劲的对手，就像近年来声名大噪的“阿尔法狗”战胜世界冠军一样。那么怎样才能实现人机对弈呢？答案是借助人工智能技术。

下面先看看游戏设计中常用的人工智能技术，然后详细介绍一种智能算法来让计算机学会下棋。

### 10.4.1 游戏中的人工智能

提到人工智能或许你不会陌生，因为这个词近年来频繁出现在生活的各个场合。但问及何为人工智能，或许没有几个人能够真正弄明白。简单来说，假若计算机拥有一定的智慧，能够像人一样思考和决策，那么可看作具备人工智能。然而，学术界对人工智能有着更加严格的限定。真正意义上的人工智能除了指计算机具备逻辑思维能力，还涉及情绪和情感方面的理解与表达能力，这种人工智能也被称为“强人工智能”。与之相对应的概念是“弱人工智能”，它是指应用在某些特定领域的具备一定智能行为的人工智能，游戏中所运用的人工智能便属于此类。

---

**提示：**

人工智能的奥秘在于各式各样的智能算法，人工智能并不是意味着计算机真正拥有“智力”，而事实上依靠的是计算机强大的“算力”。

---

对于游戏人工智能，又可以具体分为两大类，一类叫作确定性人工智能，另一类叫作非确定性人工智能。确定性人工智能是指游戏中的电脑角色会按照确定的规则进行判断和决策，因而表现出来的行为是可以预测的，常见的包括追逐及闪避算法、基于规则的算法、路径搜寻算法、有限状态机等。而非确定性人工智能是指游戏中的电脑角色具备一定的自适应能力，能够根据已有规则来学习新的规则，从而表现出不可预测的行为，例如人工神经网络、遗传算法、基于概率的贝叶斯方法、模糊逻辑等。事实上，在游戏设计中往往会根据实际需要来混合使用这两类人工智能，即在某些场景中使用确定性人工智能，而在另一些场合下使用非确定性人工智能，以此来平衡游戏中的挑战性和趣味性。

对于不同的游戏类型，游戏设计也往往采用不同的人工智能技术。一般来说，动作类游戏侧重使用确定性人工智能，例如基于规则的算法、有限状态机等。而策略性游戏则较多采用非确定性人工智能，诸如人工神经网络、模糊逻辑等。那么像五子棋这样的棋类游戏，既可以使用确定性人工智能，也可以使用非确定性人工智能，其中比较经典的方法是状态空间搜索算法。

在棋类游戏中，每当玩家走了一步棋，都会在棋盘上形成一个全新的局面，将其称为一个“状态”，而对局中所有可能局面的集合则称为“状态空间”。状态空间搜索就是根据某种规则，在所有局面中寻找对计算机一方最有利的局面，并以此来决定下一步棋所走的位置。对于象棋和围棋这种规则复杂的棋类游戏来说，棋局的状态空间无比巨大，因此不可能也不必要对整个状态空间进行搜索。于是可以通过一些规则排除掉没有用的局面，从而缩减搜索的范围。这种方法也被称为启发式搜索算法，常见的如极大极小算法、alpha-beta 剪枝算法等。

### 10.4.2 让计算机学会下棋

由于五子棋的棋子种类很少，游戏规则也比较简单，因此不必采用状态空间搜索的智能算法。这里介绍一种基于模式匹配的智能算法，能够让计算机比较准确地判断出下棋的位置。

回想自己下棋时的思考过程，首先要对棋局的形势做出判断，即观察棋盘上各个棋子的位置及相互关联情况，然后找出最有利的一种棋子分布形态，并以此来决定下一步棋所走的位置。

---

**说明：**

这里所说的棋子分布形态，指的是由黑、白棋子所形成的排列组合，例如连续排列四颗黑棋，且两端没有白棋，这就是一种必胜的形态，因为只要在旁边再下一颗黑棋就能形成五子连珠。为了规范起见，将上述的棋子形态或排列统一称为“走棋模式”，而让计算机寻找合适的走棋模式的算法便称为“模式匹配”算法。

---

为了让计算机能够识别走棋模式，首先要对棋局的各种模式进行描述和存储，这可以借助列表来实现。具体来说，将每一个模式用一个列表进行表示，而列表中保存了 5 个整数，分别表示棋盘上五个相邻位置的状态。为了使含义更加明确，定义几个全局常量来描述棋盘各位置的状态。于是首先在程序开头加入以下代码：

```
N = 0                    # 空位置
W = 1                    # 白色棋子
B = 2                    # 黑色棋子
S = 3                    # 下子位置
```

其中 N 表示某位置上没有棋子，W 和 B 分别表示该位置上有白棋和黑棋，而 S 表示该位置可以下棋。

然后定义一个二维列表 cdata，用来保存所有的走棋模式，其中的每一个子列表都对应着一个特定的模式。代码如下所示：

```
cdata = [# 一个棋子的情况
        [ N, N, N, S, B ], [ B, S, N, N, N ], [ N, N, N, S, B ], [ N, B, S, N, N ],
        [ N, N, S, B, N ], [ N, N, B, S, N ], [ N, N, N, S, W ], [ W, S, N, N, N ],
        [ N, N, N, S, W ], [ N, W, S, N, N ], [ N, N, S, W, N ], [ N, N, W, S, N ],
        # 两个棋子的情况
        [ B, B, S, N, N ], [ N, N, S, B, B ], [ B, S, B, N, N ], [ N, N, B, S, B ],
        [ N, B, S, B, N ], [ N, B, B, S, N ], [ N, S, B, B, N ], [ W, W, S, N, N ],
        [ N, N, S, W, W ], [ W, S, W, N, N ], [ N, N, W, S, W ], [ N, W, S, W, N ],
        [ N, W, W, S, N ], [ N, S, W, W, N ],
        # 三个棋子的情况
        [ N, S, B, B, B ], [ B, B, B, S, N ], [ N, B, B, B, S ], [ N, B, S, B, B ],
        [ B, B, S, B, N ], [ N, S, W, W, W ], [ W, W, W, S, N ], [ N, W, W, W, S ],
        [ N, W, S, W, W ], [ W, W, S, W, N ],
        # 四个棋子的情况
        [ S, B, B, B, B ], [ B, S, B, B, B ], [ B, B, S, B, B ], [ B, B, B, S, B ],
        [ B, B, B, B, S ], [ S, W, W, W, W ], [ W, S, W, W, W ], [ W, W, S, W, W ],
        [ W, W, W, S, W ], [ W, W, W, W, S ]]
```

可以看到，列表 cdata 是按照模式的优先级别来保存的，最先保存的是级别最低的模式，该模式中只有一颗棋子，而最后保存的是级别最高的模式，此时模式中有四颗棋子。

**提示：**

在进行模式匹配时，需要优先考虑级别较高的模式，这样才更有可能获得棋局的胜利。

接下来定义三个全局变量，用来辅助模式匹配算法的执行。在程序中添加如下几行代码：

```
AI_col = -1                              # 计算机下棋位置的列号
AI_row = -1                              # 计算机下棋位置的行号
max_level = -1                           # 走棋模式的级别
```

其中变量 AI_col 和 AI_row 分别用来记录计算机下棋位置的列号和行号，而 max_level 用来记录走棋模式的级别。

紧接着定义 auto_match() 函数，用来执行模式匹配算法，代码如下所示：

```
def auto_match(row, col, level, dx, dy):
    global AI_col, AI_row, max_level
    col_sel = -1                         # 暂存下子位置的列号
    row_sel = -1                         # 暂存下子位置的行号
    isfind = True                        # 匹配成功标记
    # 沿指定方向匹配走棋模式，匹配宽度为 5，方向由 dx 和 dy 决定
    for j in range(5):
        cs = board[col + j * dx][row + j * dy]
        if cs == " ":
            if cdata[level][j] == S:
                col_sel = col + j * dx
                row_sel = row + j * dy
            elif cdata[level][j] != N:
                isfind = False
                break
        elif cs == "b" and cdata[level][j] != B:
            isfind = False
            break
        elif cs == "w" and cdata[level][j] != W:
            isfind = False
            break
    # 若匹配成功，则更新走棋模式等级和计算机下子的位置
    if isfind:
        max_level = level
        AI_col = col_sel
        AI_row = row_sel
        return True
    return False
```

该函数总共接收 5 个参数：row 和 col 分别表示起始棋子的行号和列号；level 表示模式

的级别；dx 和 dy 表示匹配的方向，例如 dx 为 -1、dy 为 1 表示朝着行号增加、列号减少的方向来匹配，即从右上到左下进行匹配。

函数体内首先定义了局部变量 col_sel 和 row_sel，分别用来暂存计算机下子位置的列号和行号，同时定义了局部变量 isfind，用来标识匹配是否成功。接着通过循环语句逐一地读取模式列表 cdata 中级别为 level 的模式数据，并将其与棋盘列表 board 的相应方向单元中的数据进行比对：若发现两者不一致，则将 isfind 的值设为 False 并跳出循环，表示模式匹配不成功；若整个循环正常结束，则说明匹配成功，于是将 level、col_sel 和 row_sel 的值分别赋给全局变量 max_level、AI_col 和 AI_row，从而更新走棋模式的等级和电脑下子的位置。图 10.5 展示了走棋模式匹配成功的一种情况。

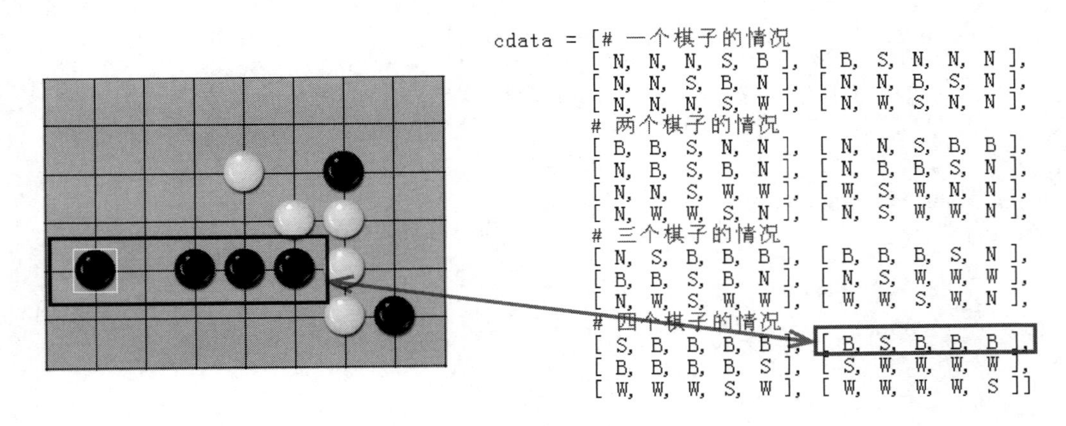


图 10.5　走棋模式匹配成功的情况

---

**说明：**

auto_match() 函数仅仅是针对某一颗棋子在某一个方向执行的模式匹配，而为了让计算机找到最有利的走棋位置，需要对棋盘上所有的棋子在各个方向来执行模式匹配，这意味着要再次运用穷举算法。

---

下面定义 AI_play() 函数来实现计算机的走棋操作，代码如下所示：

```
def AI_play():
    global AI_col, AI_row, max_level
    AI_col = -1
    AI_row = -1
    max_level = -1
    # 搜索棋盘上的每个下子位置
    for row in range(15):
```

```
        for col in range(15):
            # 从高到低搜索走棋模式列表中保存的每一级模式
            for level in range(len(cdata)-1, -1, -1):
                if level <= max_level:          # 若当前等级低于最高等级则跳出
                    break
                if col + 4 < 15:                        # 从左到右匹配
                    if auto_match(row, col, level, 1, 0):
                        break
                if row + 4 < 15:                        # 从上到下匹配
                    if auto_match(row, col, level, 0, 1):
                        break
                if col - 4 >= 0 and row + 4 < 15:       # 从右上到左下匹配
                    if auto_match(row, col, level, -1, 1):
                        break
                if col + 4 < 15 and row + 4 < 15:       # 从左上到右下匹配
                    if auto_match(row, col, level, 1, 1):
                        break
    # 若匹配到走棋模式，则将下子数据保存到棋盘信息列表
    if AI_col != -1 and AI_row != -1:
        board[AI_col][AI_row] = "w"
        return True
    # 若没能匹配到走棋模式，则随机生成一个下子位置
    while True:
        col = random.randint(0, 14)
        row = random.randint(0, 14)
        if board[col][row] == " ":
            board[col][row] = "w"
            AI_col = col
            AI_row = row
            return True
    return False
```

该函数首先将全局变量 max_level、AI_col 和 AI_row 的值重置为 –1，以便清除上一步走棋的数据。然后执行了一个三重循环语句，让棋盘上的每一颗棋子与 cdata 列表中的每一个模式进行匹配。注意最内层的循环变量是从大到小变化的，这意味着程序会优先匹配高级别的模式，因为 cdata 是按照级别从低到高的次序来保存走棋模式的。在循环体中分别对四个方向进行匹配，分别是从左到右匹配、从上到下匹配、从右上到左下匹配、从左上到右下匹配，这是通过给 auto_match() 函数的 dx 和 dy 参数传入不同的方向值来实现的。需要注意的是，在调用 auto_match() 函数之前，先要对 level 与 max_level 的值进行比较，若前者的值小于等于后者，则中止当前棋子的匹配操作，以确保所匹配到的模式级别是最高的。

当循环执行完后，程序再对 AI_col 和 AI_row 的值进行判定，若它们的值不为 –1，则说明模式匹配成功，程序找到了计算机走棋的位置，于是将棋盘列表 board 中相应的单元设置为白棋字符 w。假如没能匹配到走棋模式，程序只能随机地在棋盘范围内生成一个位置，然后判断该位置是否有棋子，若没有，则将它作为计算机的走棋位置。

最后对 update() 函数进行修改，在其中加入计算机自动下棋的操作。完整的 update() 函数如下所示（粗体部分表示新添加的代码）：

```
def update():
    global gameover
    if gameover:
        return
    if check_win():
        gameover = True
        if last_turn == "b":
            sounds.win.play()
        else:
            sounds.fail.play()
        return
    if turn == "w":
        if AI_play():
            chess = Actor("gobang_white", (AI_col * SIZE+20, AI_row * SIZE+20))
            chesses.append(chess)
            change_side()
```

至此程序全部编写完毕，现在运行游戏玩一下，看看计算机是否真的能够和你对弈了？你会发现计算机仿佛突然变聪明了一般，能够在棋盘上找到正确的位置来下棋了，是不是感觉很神奇呢？赶紧试试看你能不能战胜它吧！

## 10.5 回顾与总结

本章我们学习制作了五子棋游戏。首先为游戏创建了棋盘和棋子，然后介绍了如何实现走棋的操作，包括如何使用鼠标来下棋，以及如何实现游戏双方轮流下棋。接着对游戏规则进行了完善，实现了游戏获胜的判定，并且添加了悔棋的功能。最后对游戏人工智能进行了探讨，并着重介绍了一种基于模式匹配的智能算法，使得计算机能够像人一样思考和决策，从而实现了人机对弈的功能。

下面给出五子棋游戏的完整源程序代码。

```
# 五子棋游戏源代码 gobang.py
import random
SIZE = 40                                  # 棋盘方格尺寸
WIDTH = SIZE * 15                          # 屏幕宽度
HEIGHT = SIZE * 15                         # 屏幕高度
N = 0                                      # 空位置
B = 2                                      # 黑色棋子
W = 1                                      # 白色棋子
S = 3                                      # 下子位置
# 走棋模式列表
```

```
cdata = [# 一个棋子的情况
         [ N, N, N, S, B ], [ B, S, N, N, N ], [ N, N, N, S, B ], [ N, B, S, N, N ],
         [ N, N, S, B, N ], [ N, N, B, S, N ], [ N, N, N, S, W ], [ W, S, N, N, N ],
         [ N, N, N, S, W ], [ N, W, S, N, N ], [ N, N, S, W, N ], [ N, N, W, S, N ],
         # 两个棋子的情况
         [ B, B, S, N, N ], [ N, N, S, B, B ], [ B, S, B, N, N ], [ N, N, B, S, B ],
         [ N, B, S, B, N ], [ N, B, B, S, N ], [ N, S, B, B, N ], [ W, W, S, N, N ],
         [ N, N, S, W, W ], [ W, S, W, N, N ], [ N, N, W, S, W ], [ N, W, S, W, N ],
         [ N, W, W, S, N ], [ N, S, W, W, N ],
         # 三个棋子的情况
         [ N, S, B, B, B ], [ B, B, B, S, N ], [ N, B, B, B, S ], [ N, B, S, B, B ],
         [ B, B, S, B, N ], [ N, S, W, W, W ], [ W, W, W, S, N ], [ N, W, W, W, S ],
         [ N, W, S, W, W ], [ W, W, S, W, N ],
         # 四个棋子的情况
         [ S, B, B, B, B ], [ B, S, B, B, B ], [ B, B, S, B, B ], [ B, B, B, S, B ],
         [ B, B, B, B, S ], [ S, W, W, W, W ], [ W, S, W, W, W ], [ W, W, S, W, W ],
         [ W, W, W, S, W ], [ W, W, W, W, S ]]
AI_col = -1                                      # 计算机下棋位置的列号
AI_row = -1                                      # 计算机下棋位置的行号
max_level = -1                                   # 走棋模式等级
# 棋盘信息列表
board = [[" "for i in range(15)]for j in range(15)]
chesses = []                                     # 棋子列表
turn = "b"                                       # 当前走棋方
last_turn = "w"                                  # 上一步走棋方
gameover = False                                 # 游戏结束标记

# 处理鼠标单击事件
def on_mouse_down(pos, button):
    if gameover:
        return
    if turn == "b":
        if button == mouse.LEFT:                 # 单击鼠标左键下棋
            play(pos)
        elif button == mouse.RIGHT:              # 单击鼠标右键悔棋
            retract()

# 更新游戏逻辑
def update():
    global gameover
    if gameover:
        return
    if check_win():
        gameover = True
        if last_turn == "b":
            sounds.win.play()
        else:
            sounds.fail.play()
        return
    if turn == "w":
```

```
        if AI_play():
            chess = Actor("gobang_white", (AI_col * SIZE + 20, AI_row * SIZE + 20))
            chesses.append(chess)
            change_side()

# 绘制游戏图像
def draw():
    screen.fill((210, 180, 140))
    draw_board()
    draw_chess()
    draw_text()

# 玩家下棋操作
def play(pos):
    col = pos[0] // SIZE
    row = pos[1] // SIZE
    if board[col][row] != " ":
        return
    chess = Actor("gobang_black", (col * SIZE + 20, row * SIZE + 20))
    chesses.append(chess)
    board[col][row] = turn
    change_side()

# 交换下棋双方
def change_side():
    global turn, last_turn
    last_turn = turn
    if turn == "b":
        turn = "w"
    else:
        turn = "b"

# 玩家悔棋操作
def retract():
    if len(chesses) == 0:
        return
    for i in range(2):                          # 连续撤回两枚棋子
        chess = chesses.pop()
        col = int(chess.x - 20) // SIZE
        row = int(chess.y - 20) // SIZE
        board[col][row] = " "

# 检查走棋某一方是否获胜
def check_win( ):
    a = last_turn
    # 从左上到右下判断是否形成五子连珠
    for i in range(11):
        for j in range(11):
            if board[i][j] == a and board[i + 1][j + 1] == a and board[i + 2]
[j + 2] == a \
```

```
                and board[i + 3][j + 3] == a and board[i + 4][j + 4] == a :
                    return True
    # 从左下到右上判断是否形成五子连珠
    for i in range(11):
        for j in range(4, 15):
            if board[i][j] == a and board[i + 1][j - 1] == a and board[i + 2]
[j - 2] == a \
                and board[i + 3][j - 3] == a and board[i + 4][j - 4] == a :
                    return True
    # 从上到下判断是否形成五子连珠
    for i in range(15):
        for j in range(11):
            if board[i][j] == a and board[i][j + 1] == a and board[i][j + 2] == a \
                and board[i][j + 3] == a and board[i][j + 4] == a :
                    return True
    # 从左到右判断是否形成五子连珠
    for i in range(11):
        for j in range(15):
            if board[i][j] == a and board[i + 1][j] == a and board[i + 2][j] == a \
                and board[i + 3][j] == a and board[i + 4][j] == a :
                    return True
    return False

# 计算机下棋
def AI_play():
    global AI_col, AI_row, max_level
    AI_col = -1
    AI_row = -1
    max_level = -1
    # 搜索棋盘上的每个下子位置
    for row in range(15):
        for col in range(15):
            # 从高到低搜索走棋模式列表中保存的每一级模式
            for level in range(len(cdata)-1, -1, -1):
                if level <= max_level:          # 若当前等级低于最高等级则跳出
                    break
                if col + 4 < 15:                        # 从左到右匹配
                    if auto_match(row, col, level, 1, 0):
                        break
                if row + 4 < 15:                        # 从上到下匹配
                    if auto_match(row, col, level, 0, 1):
                        break
                if col - 4 >= 0 and row + 4 < 15:       # 从右上到左下匹配
                    if auto_match(row, col, level, -1, 1):
                        break
                if col + 4 < 15 and row + 4 < 15:       # 从左上到右下匹配
                    if auto_match(row, col, level, 1, 1):
                        break
    # 若匹配到走棋模式，则将下子数据保存到棋盘信息列表
    if AI_col != -1 and AI_row != -1:
```

```
        board[AI_col][AI_row] = "w"
        return True
    # 若没能匹配到走棋模式，则随机生成一个下子位置
    while True:
        col = random.randint(0, 14)
        row = random.randint(0, 14)
        if board[col][row] == " ":
            board[col][row] = "w"
            AI_col = col
            AI_row = row
            return True
    return False

# 匹配走棋模式
def auto_match(row, col, level, dx, dy):
    global AI_col, AI_row, max_level
    col_sel = -1                               # 暂存下子位置的列号
    row_sel = -1                               # 暂存下子位置的行号
    isfind = True                              # 匹配成功标记
    # 沿指定方向匹配走棋模式，匹配宽度为 5，方向由 dx 和 dy 决定
    for j in range(5):
        cs = board[col + j * dx][row + j * dy]
        if cs == " ":
            if cdata[level][j] == S:
                col_sel = col + j * dx
                row_sel = row + j * dy
            elif cdata[level][j] != N:
                isfind = False
                break
        elif cs == "b" and cdata[level][j] != B:
            isfind = False
            break
        elif cs == "w" and cdata[level][j] != W:
            isfind = False
            break
    # 若匹配成功，则更新走棋模式等级和计算机下子的位置
    if isfind:
        max_level = level
        AI_col = col_sel
        AI_row = row_sel
        return True
    return False

# 绘制棋子
def draw_chess():
    for chess in chesses:
        chess.draw()
    # 为上一步走的棋子绘制提示框
    if len(chesses) > 0:
        chess = chesses[-1]
```

```
            rect = Rect(chess.topleft, (36, 36))
            screen.draw.rect(rect, (255, 255, 255))

# 绘制棋盘
def draw_board():
    for i in range(15):
        screen.draw.line((20, SIZE * i + 20), (580, SIZE * i + 20), (0, 0, 0))
    for i in range(15):
        screen.draw.line((SIZE * i + 20, 20), (SIZE * i + 20, 580), (0, 0, 0))

# 绘制文字提示
def draw_text():
    if not gameover:
        return
    if last_turn == "b":
        text = "You Win"
    else:
        text = "You Lost"
    screen.draw.text(text, center=(WIDTH // 2, HEIGHT // 2), fontsize=100,
color="red")
```

# 附录 A 配置开发环境

## A.1 安装 Python

### A.1.1 下载 Python 安装包

打开 Python 的官方下载页面（https://www.python.org/downloads/），可以看到如图 A.1 所示的网站界面。

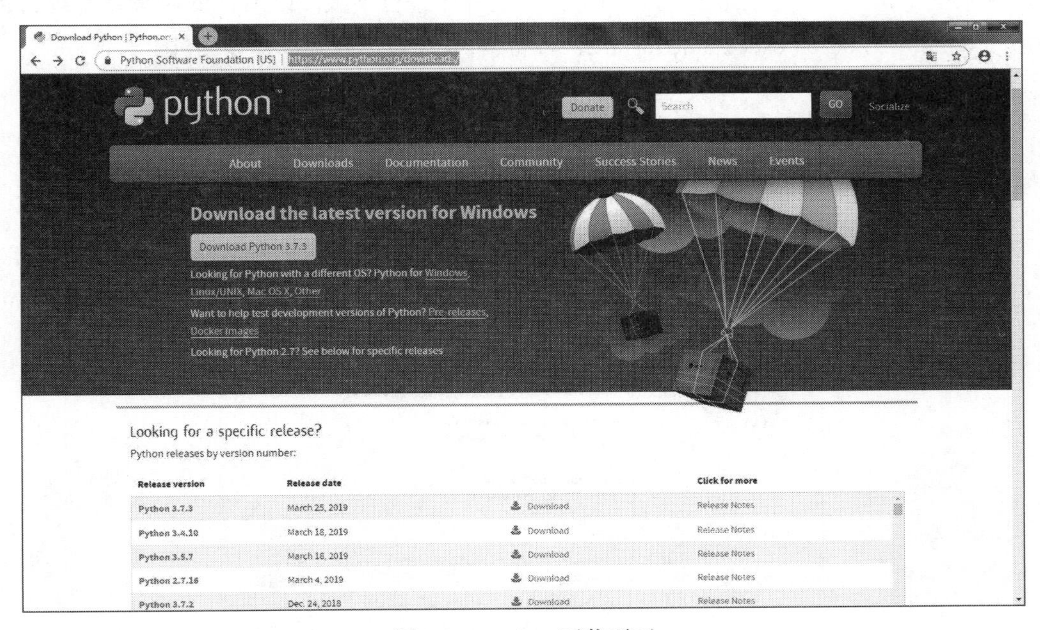


图 A.1　Python 下载页面

在网页中单击“Download”链接，便可进入 Python 安装程序的下载页面，其中列出了各操作系统平台下的安装程序，如图 A.2 所示。

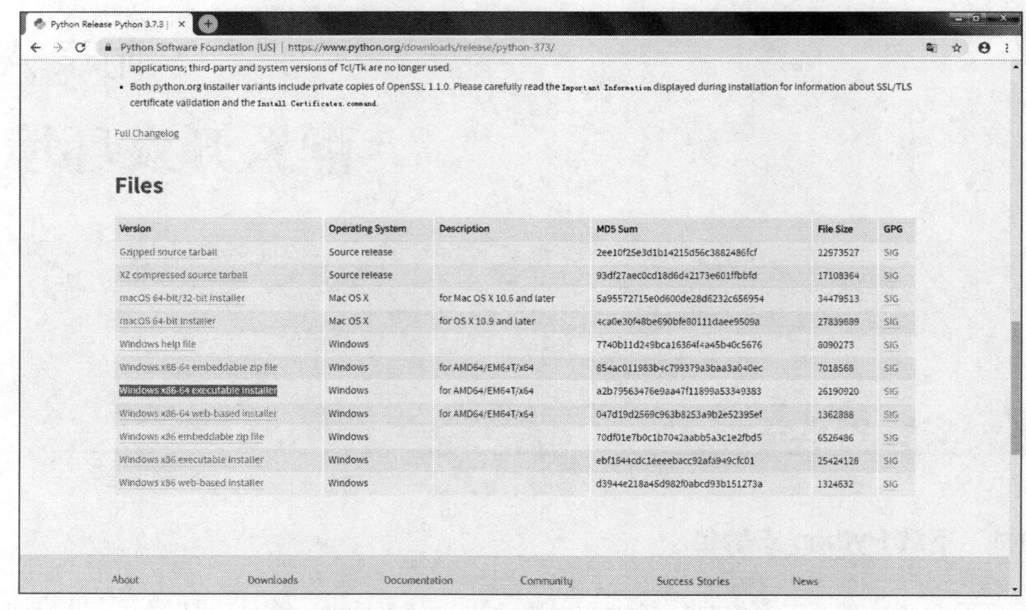


图 A.2　安装程序选择页面

在页面中选择与自己操作系统所对应的安装程序进行下载。以 Windows 操作系统为例，单击“Windows x86-64 executable installer”链接将安装包下载到本地计算机上。

## A.1.2　运行安装程序

双击安装包文件，屏幕会显示 Python 的安装界面，如图 A.3 所示。

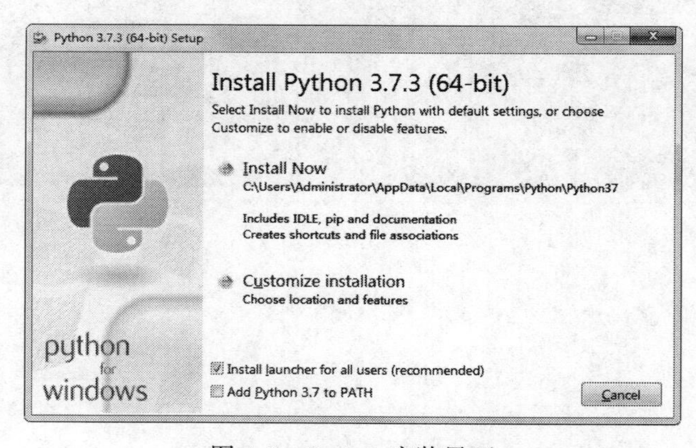


图 A.3　Python 安装界面

在窗口中单击“Install Now”按钮开始安装，结束后会提示安装成功，界面如图 A.4 所示。

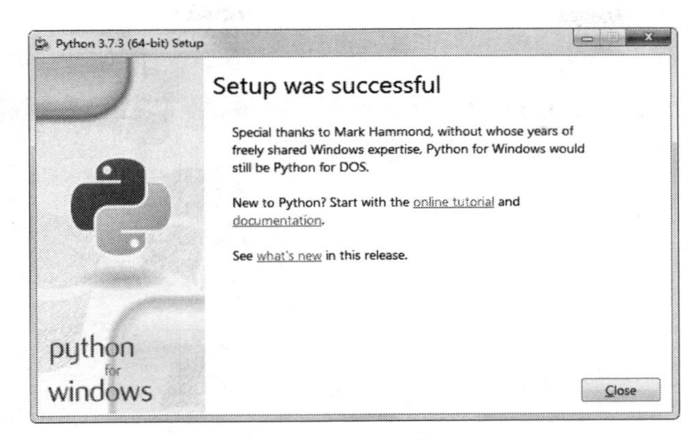


图 A.4　Python 安装完成

最后单击“Close”按钮即可完成安装。

## A.2　安装 Mu 编辑器

### A.2.1　下载 Mu 编辑器的安装包

打开 Mu 编辑器的官方网站（https://codewith.mu/），可以看到如图 A.5 所示的网站界面。

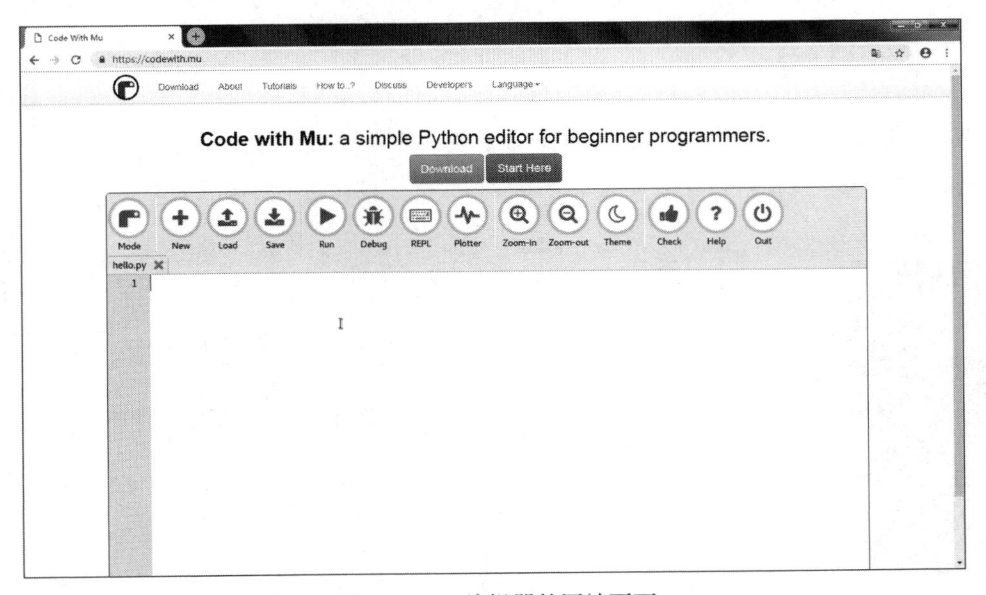


图 A.5　Mu 编辑器的网站页面

单击在页面上方的“Download”链接，便可进入 Mu 编辑器的安装程序下载页面，其中列出了各操作系统平台下的安装程序，如图 A.6 所示。

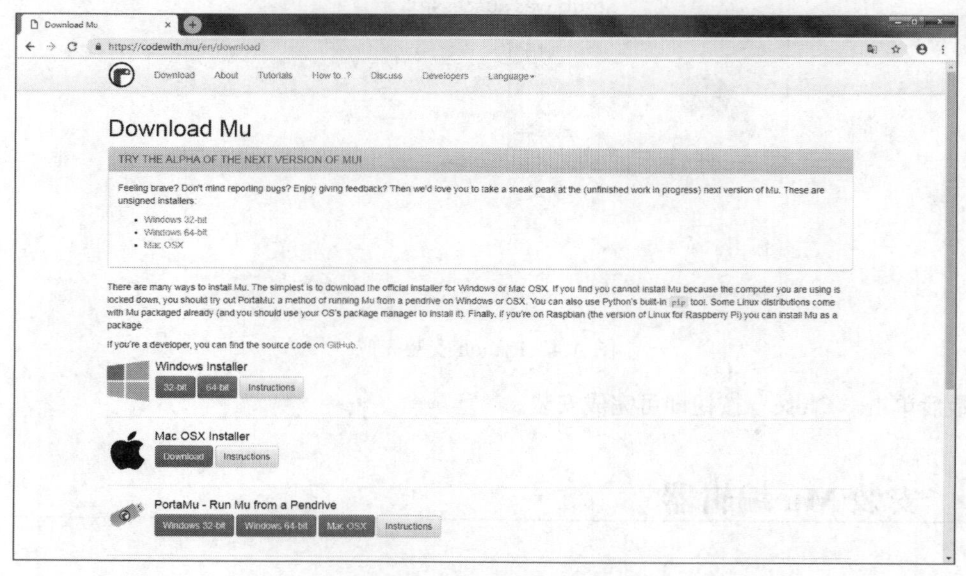


图 A.6　Mu 的安装程序下载页面

在页面中选择与自己操作系统所对应的安装程序进行下载。以 Windows 操作系统为例，单击“32-bit”链接或“64-bit”链接将安装包下载到本地计算机上。

## A.2.2　运行安装程序

双击安装包文件，屏幕会显示 Mu 编辑器的安装界面，如图 A.7 所示。

单击“Next”按钮执行安装，程序会跳转到版权信息界面，如图 A.8 所示。

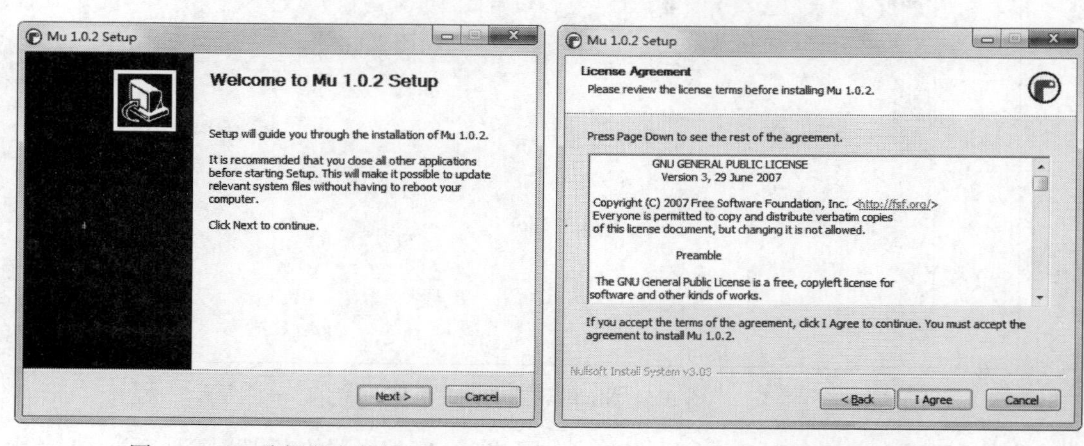


图 A.7　Mu 编辑器安装界面

图 A.8　版权信息

单击“I Agree”按钮继续安装，接下来会显示选择用户的界面，如图 A.9 所示。

继续单击“Next”按钮，这时会出现选择安装路径的界面，如图 A.10 所示。

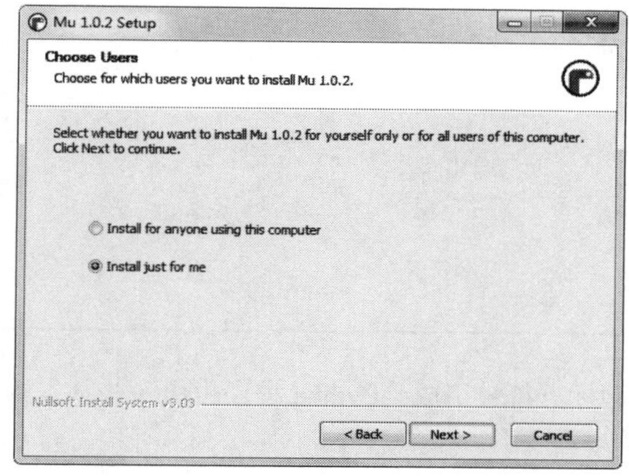


图 A.9　用户选择

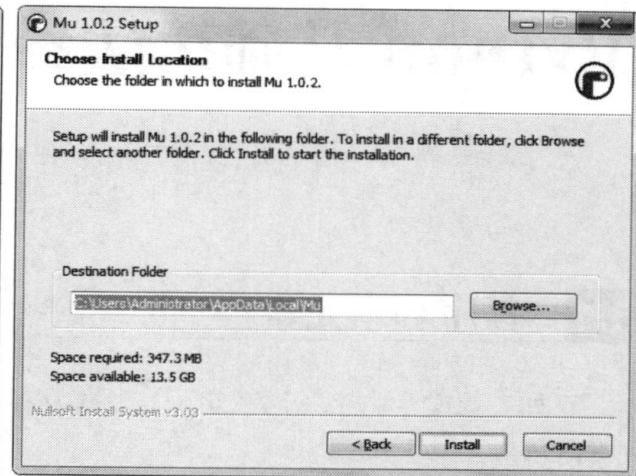


图 A.10　安装路径选择

若需要修改安装路径，可单击文本框右侧的“Browse”按钮来选择一个文件夹，否则使用默认的安装路径，直接点“Install”按钮即可。接下来程序会自动安装，安装结束后显示完成界面，如图 A.11 所示。

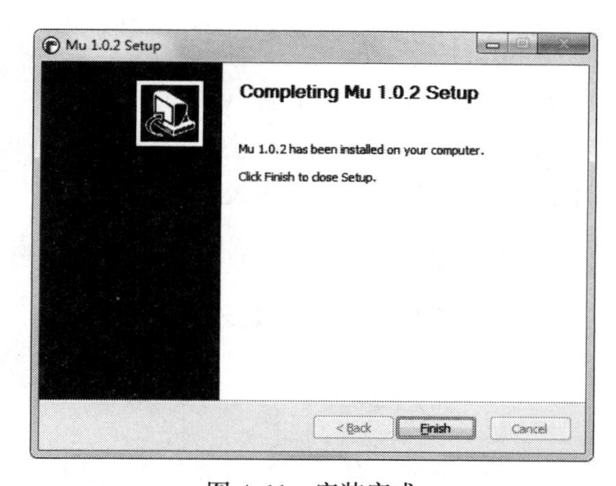


图 A.11　安装完成

最后单击“Finish”按钮即可完成安装。

# 附录 B Python 基础语法参考

## B.1 程序基本元素

正如一篇文章由字、词、句子、段落及各种标点符号组成，Python 程序也由一些基本的元素所构成。

### B.1.1 常量与变量

变量用来存放一个数据，使用时首先为变量定义一个名字，然后用“=”号为它设置一个值。举例如下：

```
x = 10
```

上述代码定义了一个变量，名字为“x”，值为 10。

常量的作用跟变量类似，也用来保存数据，不过常量的值通常在设定后就不再改变。作为 Python 语言的约定，常量的名称要用大写字母来表示。举例如下：

```
SIZE = 100
```

上述代码定义了一个常量，名字为“SIZE”，值为 100。

### B.1.2 语句

语句就是程序中的一行代码，或者说是程序的一条指令。像上述示例“ x = 10”就是一条语句。又例如下面这行代码：

```
print(10)
```

这行代码也是一条语句，它执行的是系统的输出函数 print()，执行结果是在屏幕上显示数字 10。

在 Python 中，语句通常单独写在一行，但假如一条语句很长则可以占据多行，这需要在每行的末尾使用“\”符号来分隔。

### B.1.3 缩进

在 Python 中，语句的组织不是杂乱无章的，每一行语句的左端都要求对齐，这就是所谓的缩进一致。例如下面这种方式：

```
x = 10
y = 10
```

这两条语句的左端是对齐的，所以说这两条语句具有相同的缩进。

而下面这样的方式就是错误的：

```
x = 10
  y = 10
```

这两条语句的左端没有对齐，第二条语句比第一条多了两个空格的位置，因此这两条语句缩进不一致，程序执行时会报错。

### B.1.4 注释

在一般的程序中，除了能够正常执行的语句，还有一类说明性的文字，它们被称为注释。注释的作用是对程序语句进行说明和描述，以便于理解程序代码的含义。

注释分为两种类型，一种是单行注释，用“#”号来标识。举例如下：

```
x = 10                         # 定义变量 x，并将它的值设为 10
```

可以看到，“#”号后面的文字便是注释，它们本身不会被执行，而仅用于对程序进行说明。

另一种类型的注释叫作多行注释，即采用连续的三个单引号或双引号将多行的注释文本包围起来。举例如下：

```
'''
首先定义变量 x，并将其值设为 10
然后将 x 的值输出
'''
```

## B.2 简单数据类型

程序中用来保存和处理的数据可以划分为很多不同的种类，这就是所谓的数据类型。其中最简单和最基础的数据类型是数值型、布尔型及字符串。

### B.2.1 数值型

数值型通常用来表示数字，常见的例如整数和实数，其中整数对应的是整型，实数对应的是浮点型。举例如下：

```
x = 10
y = 5.55
```

可以看到，变量 x 中保存的是整数值 10，因此 x 被称为整型变量；变量 y 保存的是实数值 5.55，因此 y 被称为浮点型变量。

### B.2.2 布尔型

布尔型用来表示逻辑上“真”或“假”的两种情况，相应地它的值只能是 True 或 False。举例如下：

```
a = True
b = False
```

在这里变量 a 和 b 的数据类型都是布尔型，其中 a 的值为 True，b 的值为 False。

### B.2.3 字符串

字符串用来表示字符类型的数据，但要注意在 Python 中没有单独的字符型，不管是单个字符还是多个字符，统一使用字符串来表示。字符串所包含的字符可以用单引号或者双引号括起来。举例如下：

```
a = 'Hello '
b = 'Pgzero'
print(a + b)
```

上述代码首先定义了两个字符串变量 a 和 b，分别保存了“Hello”和“Pgzero”这两个字符串。然后通过“+”号将这两个字符串连接起来，并通过 print() 函数输出到屏幕上进行显示。运行后可以看到合成的字符串“Hello Pgzero”。

## B.3 运算符与表达式

程序的一个重要功能便是处理数据，而不同类型的数据需要用不同的方式进行处理。Python 提供了丰富的运算符，用来构建各种类型的表达式，从而能够对不同类型的数据进行处理。这里仅介绍几种最常见的运算符及相应的表达式。

### B.3.1 算术运算符

算术运算符主要用来进行基本的数学运算。Python 的算术运算符如表 B.1 所示。

表 B.1　Python 的算术运算符

| 算术运算符 | 具 体 描 述 | 算术表达式举例 |
|---|---|---|
| + | 相加运算 | 1 + 2，结果为 3 |
| - | 相减运算 | 100 - 1，结果为 99 |
| * | 乘法运算 | 2 * 2，结果为 4 |
| / | 除法运算 | 3 / 2，结果为 1.5 |
| % | 取模运算，返回商的余数部分 | 10 % 3，结果为 1 |
| ** | 幂运算，x**y 返回 x 的 y 次幂 | 2 ** 3，结果为 8 |
| // | 取整运算，返回商的整数部分 | 9 // 2，结果为 4 |

### B.3.2 赋值运算符

赋值运算符的作用是将数据的值赋给变量，除了之前介绍的“=”号，赋值运算符还可以和算术运算符结合，形成复合赋值运算符。Python 的赋值运算符如表 B.2 所示。

表 B.2　Python 的赋值运算符

| 赋值运算符 | 具 体 描 述 | 赋值表达式举例 |
|---|---|---|
| = | 直接赋值 | x = 3，将 3 赋值到变量 x 中 |
| += | 加法赋值 | x += 3，等同于 x = x + 3 |
| -= | 减法赋值 | x -= 3，等同于 x = x - 3 |
| *= | 乘法赋值 | x *= 3，等同于 x = x * 3 |
| /= | 除法赋值 | x /= 3，等同于 x = x / 3 |
| %= | 取模赋值 | x %= 3，等同于 x = x % 3 |
| **= | 幂赋值 | x **= 3，等同于 x = x ** 3 |
| //= | 整除赋值 | x //= 3，等同于 x = x // 3 |

### B.3.3 关系运算符

关系运算符用于对两个数值进行比较，结果是一个布尔值。Python 的关系运算符如表 B.3 所示。

表 B.3 Python 的关系运算符

| 比较运算符 | 具 体 描 述 | 关系表达式举例 |
|---|---|---|
| == | 等于运算符（两个 =） | 1 == 2，结果为 False |
| != | 不等运算符 | 1! = 2，结果为 True |
| < | 小于运算符 | 1 < 2，结果为 True |
| > | 大于运算符 | 1 > 2，结果为 False |
| <= | 小于等于运算符 | 1 <= 0，结果为 False |
| >= | 大于等于运算符 | 1 >= 1，结果为 True |

### B.3.4 逻辑运算符

逻辑运算符用来对布尔值进行运算，结果也是一个布尔值。Python 的逻辑运算符如表 B.4 所示。

表 B.4 Python 的逻辑运算符

| 逻辑运算符 | 具 体 描 述 | 逻辑表达式举例 |
|---|---|---|
| and | 逻辑与运算符 | True and False，结果为 False |
| or | 逻辑或运算符 | True or False，结果为 True |
| not | 逻辑非运算符 | not True，结果为 False |

## B.4 程序流程控制

程序的执行需要按照一定的流程顺序进行，在 Python 中有三种基本的流程控制语句，它们分别是：顺序语句、条件语句和循环语句。

### B.4.1 顺序语句

顺序语句就是一条接着一条依次执行的语句，中途不存在分支或跳转的情况。举例如下：

```
x = 10
y = 20
print(x)
print(y)
```

上述便是顺序语句，它们会按照代码编写的顺序依次执行。

### B.4.2 条件语句

条件语句是指当给定的表达式取不同的值时，程序运行的流程会发生相应的分支变化。Python 提供的条件语句分为以下几种情况。

（1）if 语句

if 语句是最常见的条件语句，基本的语法结构如下：

```
if 条件表达式:
语句块
```

只有当条件表达式的值为 True 时，才执行语句块中的代码。条件表达式可以由关系表达式或逻辑表达式组成，语句块既可以是一条语句，也可以由多条语句组成。语句块中的各条语句要保持相同的缩进。举例如下：

```
x = 10
y = 20
if x < y:
    print("yes")
```

这里条件表达式“x < y”的值为 True，于是执行语句 print("yes")。

（2）if…else 语句

可以将 else 语句与 if 语句结合使用，以便在关系表达式不满足时也能执行相应的语句。基本的语法结构如下：

```
if 条件表达式:
    语句块 1
else:
    语句块 2
```

当条件表达式的值为 True 时，执行语句块 1，否则执行语句块 2。举例如下：

```
x = 10
y = 20
if x > y:
    print("yes")
else:
    print("no")
```

这里表达式“x > y”的值为 False，因此程序会执行 else 块中的语句 print("no")。

（3）if…elif…else 语句

elif 语句是 else 语句和 if 语句的组合，当不满足 if 语句中指定的条件时，可以再使用

elif 语句指定另外一个条件，基本语法结构如下：

```
if 条件表达式 1:
语句块 1
elif 条件表达式 2:
    语句块 2
elif 条件表达式 3:
    语句块 3
...
else:
    语句块 n
```

可以看到，在一个 if 语句中，可以包含多个 elif 语句。举例如下：

```
x = 10
y = 20
z = 30
if x > y:
    print("yes")
elif y > z:
    print("no")
else:
    print("ok")
```

程序首先判断 if 块的表达式“x > y”的值，由于该值为 False，于是接着判断 elif 块的表达式“y > z”的值，而该值也是 False，因此最后执行 else 块中的语句 print("ok")。

## B.4.3 循环语句

循环语句是指当给定的条件满足时反复执行某一段代码，在循环没有结束之前，语句块的最后一条语句执行完后要跳转到第一条重新执行。Python 中的循环语句包含 while 语句和 for 语句。

（1）while 语句

while 语句的基本语法结构如下：

```
while 条件表达式:
    循环体语句块
```

当条件表达式的值为 True 时，程序反复执行循环体中的代码，只有当某个时候表达式的值变为了 False，循环才会结束执行。举例如下：

```
i = 1
sum = 0
while i <= 100:
sum += i
```

```
    i += 1
print(sum)
```

上述代码使用 while 语句循环计算从 1 累加到 100 的结果。每次执行循环体时，变量 i 的值会加 1，当变量 i 的值超过 100 时，程序退出循环。运行程序可以看到屏幕显示的输出结果为 5050。

（2）for 语句

for 语句是另一种常用的循环语句，其基本的语法结构如下：

```
for 元素 in 序列:
    循环体语句块
```

需要注意的是，for 语句不使用条件表达式来控制循环的执行，而是对一个序列中的元素逐一执行相同的代码。举例如下：

```
i = 1
sum = 0
for i in range(1, 101):
        sum += i
print(sum)
```

程序使用 for 语句循环计算从 1 累加到 100 的结果。这里的变量 i 相当于循环计数器，而函数 range(1, 101) 则会生成从 1 到 100 的整数序列。于是循环执行时 i 的值会依次从 1 变化到 100，最后当 i 的值变为 101 时程序便退出循环。程序的运行结果仍然是 5050。

## B.5 函数

函数由若干条语句组成，用于实现特定的功能。一旦定义了函数，就可以在程序中需要实现该功能的位置调用函数，从而给代码的共享带来了极大的方便。Python 除了提供丰富的系统函数，还允许用户创建和使用自己定义的函数。

### B.5.1 函数的定义与使用

Python 语言使用 def 关键字来定义函数，其基本语法结构如下：

```
def 函数名(参数列表):
    函数体
```

参数列表可以为空，即没有参数，也可以包含多个参数，参数之间用逗号分隔。函数体可以是一条语句，也可以是多条语句组成的语句块。

不同于很多语言使用一对大括号来标注函数体的范围，在 Python 中函数体没有明显的开始和结束标记，而是通过缩进来区分，函数体中的语句块要保持相同的缩进。

当函数定义好之后便可调用其执行，可以直接使用函数名来调用函数。举例如下：

```
def func():
    i = 1
    sum = 0
    while i <= 100:
        sum += i
        i += 1
    print(sum)
func()
```

这里首先定义了一个函数 func()，用来执行从 1 累加到 100 的功能，然后在函数体之外调用该函数来执行。

### B.5.2　参数与返回值

在函数中可以定义参数，通过参数向函数内部传递数据。参数就相当于一个变量，可以在函数内部使用。举例如下：

```
def func(n):
    i = 1
    sum = 0
    while i <= n:
        sum += i
        i += 1
    print(sum)
func(10)
func(100)
```

上述代码为 func() 函数定义了一个参数 n，它在函数体内作为变量来使用，而在调用函数时再为该参数指定具体的数值。通过定义参数可以让函数的功能更加灵活，例如当调用 func() 函数时为其传入参数 10，输出的是从 1 累加到 10 的结果 55；而为其传入参数 100，输出的则是从 1 累加到 100 的结果 5050。

还可以为函数指定一个返回值，使用 return 语句可以返回函数值并退出函数。举例如下：

```
def func(n):
    i = 1
    sum = 0
    while i <= n:
        sum += i
        i += 1
    return sum
```

```
result = func(100)
print(result)
```

func() 函数体的最后一句执行了 return 语句，用来返回 sum 变量的值，随后在调用该函数时将返回值赋给变量 result。

### B.5.3　导入模块

模块是 Python 语言的一个重要概念，它可以将函数按功能划分到一起，以便日后使用或分享给他人。Python 标准库中包含了许多实用的模块，编程人员可以直接使用其中的函数来完成相应的功能。

在使用模块之前先要导入模块，这需要借助 import 语句，语法如下：

```
import 模块名
```

在导入模块之后，便可以通过模块名来访问模块中的函数和变量。例如可以通过下面的方式访问模块中的函数：

```
模块名 . 函数名 (参数列表)
```

可以看到，在模块名后加一个“.”来访问模块中的函数。访问模块中的变量也采用类似的办法。

在 Python 标准库提供的若干模块中，游戏开发涉及比较多的是 math 模块、random 模块和 time 模块。

（1）math 模块

math 模块主要提供一些基础的数学处理函数，用于实现基本的数学运算。举例如下：

```
import math
r = math.radians(30)
a = math.sin(r)
b = math.cos(r)
print(a)
print(b)
```

代码首先使用 import 语句导入 math 模块，然后调用 math 模块的 radians() 函数将角度值转换为弧度值，接着分别调用 math 模块的 sin() 函数和 cos() 函数来求出正弦值和余弦值。

（2）random 模块

random 模块用于生成随机数，以及从序列中获取随机的元素。举例如下：

```
import random
a = random.randint(1, 10)
b = random.choice("abcdefg")
print(a)
print(b)
```

代码首先导入了 random 模块，然后调用 random 模块的 randint() 函数随机获取 1 ～ 10 的整数，接着调用 random 模块的 choice() 函数随机地从字符串中获取一个字符。

（3）time 模块

time 模块用来获取系统时间，以及对时间信息进行相应的处理。举例如下：

```
import time
t = time.ctime()
print(t)
```

代码首先导入 time 模块，然后调用 time 模块的 ctime() 函数来获取当前时间的字符串。

## B.6 类和对象

Python 语言支持面向对象的程序设计方法，即将数据与操作集成在一起，定义为类，然后为类创建对象来执行具体的操作，从而使程序设计更加简单、规范、有条理。

### B.6.1 类的定义

在 Python 中，可以使用关键字 class 来声明一个类，基本的语法如下：

```
class 类名:
    属性
    方法
```

可以看到，类由属性和方法两部分组成，属性即类中定义的变量，而方法则是类中定义的函数。举例如下：

```
class example:
    str = "Hello Pgzero"
    def show(self):
        print(self.str)
```

这里定义了一个类 example，其中有一个属性 str 和一个方法 show()。可以看到，在 show() 方法中有一个参数 self，这也是类的方法与普通函数的区别。在类中定义的方法必须有一个 self 参数，而且位于参数列表的开头。self 就代表类的对象自身，可以使用 self 来引用类的属性和方法，例如在 show() 方法中访问 str 属性时就可写为“self.str”。

## B.6.2 创建对象

定义好类之后需要为其创建对象，以便执行具体的操作。Python 中创建对象的语法如下：

```
对象名 = 类名 ()
```

对象实际上就相当于一个变量，可以使用它来访问类的属性，以及调用执行类的方法。访问对象的属性使用如下语法：

```
对象名 . 属性
```

调用对象的方法使用如下语法：

```
对象名 . 方法名 ()
```

下面看个具体的例子：

```
class example:
    str = "Hello Pgzero"
    def show(self):
        print(self.str)
ex = example()
ex.show()
print(ex.str)
```

这里首先定义了 example 类，然后创建了类的对象 ex，接着调用了 ex 对象的 show() 方法，于是会输出字符串“ Hello Pgzero”。程序最后一句调用 print() 函数直接输出 str 属性的值。

Python 还支持动态地为对象添加新属性，举例如下：

```
class example:
    str = "Hello Pgzero"
    def show(self):
        print(self.str)
ex = example()
ex.newStr = "new field"
print(ex.newStr)
```

程序首先定义了 example 类，然后创建了类的对象 ex，接着通过赋值语句直接为 ex 对象添加了一个新的属性 newStr，并将它的值设为字符串“ new field”。最后调用 print() 函数将属性 newStr 的值显示出来。

## B.6.3 构造方法

如上所述，通过执行“类名 ()”的语句可以创建对象，而这看起来像是函数调用的语法形式。事实上，创建对象时确实执行了函数调用，只不过此时调用的是一种特殊的函数，称为构造方法。

若定义类时没有明确声明构造方法，程序则会自动生成一个默认的构造方法。也可以使用关键字 init 来定义构造方法，用来执行对象的初始化操作。举例如下：

```
class example:
    str = "Hello Pgzero"
    def __init__(self):
        self.show()
    def show(self):
        print(self.str)
ex = example()
```

这里使用 init 关键字为类定义了一个构造方法，并在其中调用对象的 show() 方法。在定义构造方法时要注意，init 关键字的左右两端都需要加上两个下画线，这是 Python 所规定的语法格式。在创建对象 ex 时，便会调用类的构造方法 example()，并由它来调用 show() 方法输出字符串。

构造方法也可以带有参数，举例如下：

```
class example:
    str = ""
    def __init__(self, s):
        self.str = s
    def show(self):
        print(self.str)
ex = example("Hello Pgzero")
ex.show()
```

上述代码为构造方法设置了一个字符串变量 s 作为参数，并在构造方法中将 s 赋值给属性 str。在创建对象 ex 时，需要为构造方法 example() 传入一个字符串作为参数，然后调用 ex 的 show() 方法便可以将该字符串显示出来。

## B.7 组合数据类型

组合数据类型是 Python 中的高级数据类型，用于对多个元素进行统一存储和操作。组合数据类型包括列表、元组、字典和集合。

### B.7.1 列表

列表是一组有序存储的数据。每个列表都有索引和值两个属性，索引是一个从 0 开始的整数，用于标识元素在列表中的位置，而值则是元素对应的值。下面介绍列表的基本操作。

（1）定义列表

可以使用一对方括号来定义列表，方括号中的各个元素用逗号分隔。举例如下：

```
mylist = ["Python", "Java", "C", "C++", "C#"]
```

这条语句定义了一个列表 mylist，其中的元素由 5 个字符串组成。

（2）打印列表

可以直接使用 print() 函数输出列表的内容，语法如下：

```
print(列表名)
```

下面看个具体的例子：

```
mylist = ["Python", "Java", "C", "C++", "C#"]
print(mylist)
```

运行程序可以看到列表中的 5 个字符串会依次显示。

（3）获取列表长度

列表的长度是指列表中元素的数量，可以通过 Python 内置的 len() 函数获取列表长度。语法如下：

```
len(列表名)
```

下面看个具体的例子：

```
mylist = ["Python", "Java", "C", "C++", "C#"]
print(len(mylist))
```

运行程序可以看到输出的列表长度是 5。

（4）访问列表元素

列表由列表元素组成，对列表的管理就是对列表元素的访问和操作。可以通过下面的方式获取列表元素的值：

```
列表名[index]
```

index 是元素的索引值，需要注意列表第一个元素的索引值是 0，最后一个元素的索引值是列表长度减 1。举例如下：

```
mylist = ["Python", "Java", "C", "C++", "C#"]
print(mylist[0])
print(mylist[4])
```

程序输出 mylist[0] 的值为“Python”，即列表 mylist 的第一个元素；输出 mylist[4] 的值为“C#”，即列表的最后一个元素。

（5）添加列表元素

除了使用系统函数来操作列表，还可以使用列表自身的方法来完成基本操作。例如通过列表的 append() 方法在列表尾部添加元素，语法如下：

```
列表 .append(新元素)
```

下面看个具体的例子：

```
mylist = ["Python", "Java", "C", "C++", "C#"]
mylist.append("JavaScript")
print(mylist)
```

上述代码调用了列表 mylist 的 append() 方法，在列表尾部添加了一个新元素“JavaScript”。

还可以通过列表的 insert() 方法在列表的指定位置插入一个元素，语法如下：

```
列表 .insert(插入位置, 新元素)
```

下面看个具体的例子：

```
mylist = ["Python", "Java", "C", "C++", "C#"]
mylist.insert(1, "JavaScript")
print(mylist)
```

上述代码调用了列表 mylist 的 insert() 方法，在列表的第二个元素位置处插入新元素“JavaScript”。

（6）删除列表元素

可以使用列表的 remove() 方法删除指定的列表元素，语法如下：

```
列表 .remove(元素)
```

下面看个具体的例子：

```
mylist = ["Python", "Java", "C", "C++", "C#"]
mylist.remove("C")
print(mylist)
```

上述代码调用列表 mylist 的 remove() 方法删除了元素“C”。

还可以通过列表的 pop() 方法删除列表中指定位置的元素，语法如下：

```
列表 .pop(索引值)
```

下面看个具体的例子：

```
mylist = ["Python", "Java", "C", "C++", "C#"]
mylist.pop(3)
print(mylist)
```

上述代码调用列表 mylist 的 pop() 方法删除了索引值为 3 的元素“C++”。需要注意的是，若调用 pop() 方法时不传入任何参数，则程序会默认删除列表的最后一个元素。

（7）遍历列表元素

遍历列表就是逐个访问列表元素，这是使用列表时常用的操作。可以使用 for 循环语句来遍历列表。举例如下：

```
mylist = ["Python", "Java", "C", "C++", "C#"]
for ls in mylist:
    print(ls)
```

上述代码通过 for 语句对列表 mylist 中的元素逐一访问，并将所访问的元素显示出来。

## B.7.2　元组

元组与列表非常相似，也是用来存储一组有序的数据，但与列表最大的不同在于，元组的内容一经定义便不能改变。下面介绍元组的基本操作。

（1）定义元组

可以使用一对圆括号来定义元组，圆括号中的各个元素用逗号分隔。举例如下：

```
mytuple = ("Python", "Java", "C", "C++", "C#")
print(mytuple)
```

上述代码定义了一个元组 mytuple，然后调用 print() 函数直接将元组内容显示出来。

（2）获取元组长度

跟列表的操作类似，可以使用 Python 内置函数 len() 来获取元组的长度。语法如下：

```
len(元组名)
```

下面看个具体的例子：

```
mytuple = ("Python", "Java", "C", "C++", "C#")
print(len(mytuple))
```

运行程序可以看到输出的元组长度为 5。

（3）访问元组的元素

与列表一样，可以使用索引访问元组的元素。语法如下：

```
元组[索引值]
```

下面看个具体的例子：

```
mytuple = ("Python", "Java", "C", "C++", "C#")
print(mytuple[0])
print(mytuple[4])
```

运行程序分别输出元组的第一个元素“ Python” 和最后一个元素“ C#”。同样地，也可以使用 for 循环语句对元组中的所有元素进行遍历访问。

### B.7.3 字典

字典也是用于保存一组数据的数据类型，但与列表不同的是，每个字典元素都是一个“键 / 值对”，它有键和值两个属性：键用来定义和标识字典元素，值则是键对应的字典元素的值。下面介绍字典的基本操作。

（1）定义字典

可以使用一对大括号来定义字典，大括号中的各个元素用逗号分隔，每个元素又由键和值组成，键和值之间用冒号分隔。举例如下：

```
dic = {'up':'north', 'down':'south', 'left':'west', 'right':'east'}
print(dic)
```

上述代码定义了一个字典 dic，它有 4 个元素，每个元素都是一个“键 / 值对”。然后调用 print() 函数将字典的内容显示出来。

（2）访问字典元素

可以通过下面的方式获取字典元素的值：

```
字典名 [key]
```

key 是元素的键，通过键可以访问元素的值。举例如下：

```
dic = {'up':'north', 'down':'south', 'left':'west', 'right':'east'}
print(dic['up'])
print(dic['down'])
print(dic['left'])
print(dic['right'])
```

上述代码根据字典 dic 中各个键的名字来访问对应的元素值，同时将访问到的值显示出来。

（3）添加字典元素

可以通过赋值语句为字典添加元素，语法如下：

```
字典 [ 键 ] = 值
```

如果字典中不存在指定的键，则添加新的键；否则修改键对应的值。举例如下：

```
dic = {'up':'north', 'down':'south', 'left':'west', 'right':'east'}
dic['in'] = 'center'
print(dic)
```

上述代码为字典 dic 添加了一个新的键“in”，然后为其设置了值“center”。

（4）删除字典元素

使用字典的 pop() 方法可以删除指定的字典元素，并返回删除的元素值。语法如下：

```
字典名 .pop（键）
```

下面看个具体的例子：

```
dic = {'up':'north', 'down':'south', 'left':'west', 'right':'east'}
dic.pop('up')
print(dic)
```

上述代码调用字典 dic 的 pop() 方法删除了键“up”对应的元素。

还可以使用字典的 clear() 方法来清空字典的所有元素。举例如下：

```
dic = {'up':'north', 'down':'south', 'left':'west', 'right':'east'}
dic.clear()
print(dic)
```

这里调用了字典 dic 的 clear() 方法将其中的所有元素全部删除，而最后调用 print() 函数则会输出一个空的字典。

### B.7.4　集合

集合由一组无序排列的元素组成，它分为可变集合和不可变集合，前者在创建后可以添加、修改和删除元素，而后者在创建后则不能改变。下面介绍集合的基本操作。

（1）创建集合

可以使用 set() 方法来创建可变集合，举例如下：

```
s = set("pgzero")
print(s)
```

这里调用 set() 函数创建了一个集合 s，其中的元素由字符串“pgzero”中的各个字符所组成，调用 print() 函数可以输出集合的内容。可以看到，显示出的集合元素是无序的。

（2）访问集合元素

由于集合本身是无序的，因此不能通过索引的方式来访问集合元素，而只能循环遍历集合元素。举例如下：

```
s = set("pgzero")
for e in s:
    print(e)
```

（3）添加集合元素

可以调用集合的 add() 方法来为集合添加元素，语法如下：

```
集合 .add（元素）
```

下面看个具体的例子：

```
s = set("pgzero")
s.add('b')
s.add('e')
print(s)
```

上述代码调用集合 s 的 add() 方法分别添加元素“b”和“e”。由于“e”之前已经存在于集合中，所以它不会被重复添加，最后调用 print() 函数显示出来的集合元素中只会有一个“e”。

（4）删除集合元素

可以使用集合的 remove() 方法删除指定的集合元素，语法如下：

```
集合 .remove（元素）
```

下面看个具体的例子：

```
s = set("pgzero")
s.remove('o')
print(s)
```

运行程序可以看到元素“o”已经从集合 s 中删除。此外，还可以调用 clear() 方法将集合的元素全部删除，这与字典的操作是类似的。

（5）判断集合是否存在元素

可以使用 in 关键字来判断集合中是否存在指定的元素，语法如下：

```
元素 in 集合
```

下面看个具体的例子：

```
s = set("pgzero")
if 'p' in s:
    print("yes")
```

这里使用 if 语句及关键字 in 来判断元素“p”是否存在于集合 s 中。运行程序可以看到显示的是“yes”。